Dr. Andreas Müller ist Astrophysiker und Buchautor aus München. Die Schwerpunkte seiner Forschung sind Einsteins Relativitätstheorien, Schwarze Löcher und Kosmologie. Er erklärt leidenschaftlich gerne astronomische Themen, indem er Lehrerfortbildungen veranstaltet, Schulen besucht und an Volkshochschulen Vorträge hält.

Pascal Nöldner, geboren 1990 in Essen, ist freiberuflicher Illustrator von Comics, Kinder- und Jugendbüchern und Zeichner von Animationsfilmen. 2015 beendete er sein Designstudium mit dem Schwerpunkt Illustration an der Fachhochschule Münster mit dem Bachelor of Arts. Neben seiner gestalterischen Tätigkeit ist er freischaffender Schauspieler und Musiker.

Vertrieben durch:
© Circon Verlag GmbH
Baierbrunner Straße 27, D-81379 München

Alle Rechte vorbehalten. Nachdruck, auch auszugsweise, nur mit ausdrücklicher Genehmigung des Verlages gestattet.

Texte: Andreas Müller (S. 8–75), Iris Ottinger (S. 78–107)
Illustrationen: Pascal Nöldner (S. 8–75),
Mirco Brüchler (S. 78–107)
Redaktion: Lea Schmid
Produktion: Ute Hausleiter
Abbildungen: siehe Bildnachweis S. 109
Titelabbildungen: Pascal Nöldner
Gestaltung: Enrico Albisetti (S. 8–77),
ekh Werbeagentur GbR (S. 78–107)
Umschlaggestaltung: Enrico Albisetti

ISBN 978-3-8174-2430-6
381742430/1

www.circonverlag.de

FASZINIERENDER WELTRAUM

Abenteuerliche Raumfahrt, ferne Galaxien und fremde Planeten

Text von Andreas Müller und Iris Ottinger

Illustrationen von Pascal Nöldner und Mirco Brüchler

Sonderausgabe

INHALT

UNENDLICHE WEITEN ... 8

DAS UNIVERSUM 10

KLEINE GESCHICHTE DER RAUMFAHRT 12

DER WELTRAUM 16

UNSER PLATZ IM WELTRAUM 18

DER MOND 22

PLANETEN UND ZWERGPLANETEN 26

DIE SONNE UND ANDERE STERNE 32

ASTEROIDEN, KOMETEN UND METEOROIDEN 36

DIE MILCHSTRASSE UND ANDERE GALAXIEN 40

VON BERUF ASTRONAUT 44

AN BORD EINES RAUMSCHIFFS 46

RAUMSTATIONEN 48

SATELLITEN, TELESKOPE & CO. 50

GEHEIMNISSE DES WELTRAUMS — 52

- GIBT ES AUSSERIRDISCHE? — 54
- SCHWARZE LÖCHER — 58
- DUNKLE MATERIE — 60
- DER URKNALL — 62
- PARALLELUNIVERSEN — 64

WERDE SELBST WELTRAUMFORSCHER! — 66

- 3 ... 2 ... 1 ... RAKETENSTART! — 68
- MONDPHASEN-DAUMENKINO — 70
- DAS SONNENSYSTEM IN DEINEM ZIMMER — 72
- BESUCH AUS DEM ALL — 74

SPEZIAL: DIE ERDE — 76

REGISTER — 108

DAS UNIVERSUM

UNSER SONNENSYSTEM

Zum Weltall gehört natürlich unser Heimatplanet, die Erde. Hier passiert alles, was du kennst. Die Erde hat aber auch einen Begleiter, den Mond. Der wichtigste Himmelskörper ist – na? – klar, die Sonne. Sie spendet uns Tageslicht und Wärme. Wir bekommen von ihr die Energie, damit alles auf der Erde wachsen und leben kann. Weil sie so wichtig und groß ist, wurde das Sonnensystem nach der Sonne benannt. Es gibt aber neben der Erde noch weitere Planeten. Starten wir bei der Sonne, so sind das: Merkur, Venus, Erde, Mars, Jupiter, Saturn, Uranus und Neptun. Neptun ist so weit entfernt, dass eine Raumsonde einige Jahre fliegen muss, um zu ihm zu gelangen.

DIE MILCHSTRASSE

Es gibt da draußen noch weitere Sterne wie die Sonne. Manche sind größer, viele sind kleiner als sie. Alle Sterne, die du am Nachthimmel sehen kannst, gehören zu einer riesigen Ansammlung von Sternen. Das ist die Milchstraße, unsere scheibenförmige Heimatgalaxie. Sie enthält ungefähr 200 Milliarden Sterne – das ist eine 2 mit 11 Nullen!

UNENDLICHE WEITEN …

JEDE MENGE GALAXIEN

Das kann sich schon niemand mehr so richtig vorstellen, aber es geht noch weiter! Es gibt nämlich nicht nur eine Galaxie wie unsere Milchstraße, sondern einige 100 Milliarden. Die Galaxien finden sich zu Gruppen und Haufen zusammen. So hat auch unsere Milchstraße Galaxien in der Nachbarschaft wie die Andromeda-Galaxie oder die Magellanschen Wolken. Diese Gruppe von Galaxien wird von einem größeren Galaxienhaufen durch die Schwerkraft angezogen, und zwar vom Virgo-Galaxienhaufen. Es gibt viele Galaxienhaufen da draußen, die jeweils aus ungefähr 1000 Galaxien bestehen. Du kannst sie dir ein bisschen vorstellen wie einen riesigen Bienenschwarm, in dem die Galaxien wie Bienen herumfliegen. Galaxienhaufen sind die größten von der Schwerkraft zusammengehaltenen Gebilde im Kosmos.

Und das Universum selbst?

Alles, was du am Himmel beobachtest und das Universum selbst waren nicht schon immer da. Das Weltall entstand im Urknall und dann brauchte es Zeit, dass alles Weitere entstehen und sich entwickeln konnte. Astronomen – das sind die Wissenschaftler, die den Kosmos erforschen – haben da recht genaue Vorstellungen, wie das ablief, aber es gibt noch viele Rätsel.

UNENDLICHE WEITEN ...

KLEINE GESCHICHTE DER RAUMFAHRT

DIE ERSTE RAKETE

Um von der Erde wegzukommen, musst du sehr schnell sein: 40.000 Kilometer pro Stunde, also ungefähr 100-mal schneller als ein Formel-1-Rennfahrer. Das schafft man nur mit Raketen. Im Jahr 1942 startete der Raketenbauer Wernher von Braun auf der Insel Usedom in der Ostsee die A4-Rakete. Sie flog schon nach einer Minute fünfmal schneller als der Schall und erreichte eine Höhe von 83 Kilometern. Angetrieben wurde die A4 von Sauerstoff und einem Brennstoff aus 75 Prozent Alkohol und 25 Prozent Wasser.

SPUTNIK 1 – DER ERSTE KÜNSTLICHE SATELLIT

Im Jahr 1957 gelang es der Sowjetunion, den ersten Satelliten in eine Umlaufbahn um die Erde zu bringen. Er hieß Sputnik 1 und flog fast 1000 Kilometer hoch. Der kugelförmige Satellit hatte einen Durchmesser von etwa 60 Zentimetern, wog fast 84 Kilogramm und konnte sogar Funkwellen aussenden.

DER NÄCHSTE SCHRITT: LEBEWESEN IM ALL

Die Russen gaben richtig Gas: Schon wenige Wochen nach Sputnik 1 schickten sie die Hündin Laika mit Sputnik 2 im Jahr 1957 als erstes Lebewesen ins All. 1961 gelang ihnen der erste Raumflug eines Menschen. Der hieß Juri Gagarin und flog in einer Wostok 1 in knapp zwei Stunden einmal um die Erde. Gagarin erreichte eine Höhe von etwas mehr als 300 Kilometern – und flog damit tiefer als heute die Raumstation ISS.

DER WETTLAUF VON RUSSEN UND AMERIKANERN

Bei der Eroberung des Weltalls gab es einen Wettkampf zwischen zwei verfeindeten Nationen: der Sowjetunion (heutiges Russland) und den USA. Sie verfolgten beide mit der damals neuen Raumfahrttechnik auch militärische Interessen und hofften, ihren Gegner aus dem Weltall besiegen zu können. Diese Zeit des „Kalten Krieges" endete erst Anfang der 1990er-Jahre.

Warum fliegt eine Rakete?

Eine Rakete besteht vor allem aus Sprengstoff. Die explosive Verbrennung schießt heiße Gase aus der Düse heraus, was durch den Rückstoß die Rakete nach vorne beschleunigt. Das funktioniert sogar im Vakuum.

DIE MONDLANDUNG 1969

Das ultimative Ziel war natürlich eine Landung auf dem Mond. 1969 gewannen die Amerikaner mit der Rakete Saturn V (V = Lateinisch für 5) den Wettlauf zum Mond. Neil Armstrong war der erste Mensch auf dem Mond. Die US-amerikanische Raumfahrtorganisation NASA schickte im Rahmen des Apollo-Programms weitere Astronauten zum Mond. Sie erforschten die Oberfläche und brachten sogar ein Mondauto mit. Zuletzt waren im Jahr 1972 Menschen auf dem Mond – und das Mondauto parkt dort heute noch.

Die Mondlandefähre „Eagle"

Das US-amerikanische Space Shuttle der NASA beim Start auf der Erde

DAS SPACE SHUTTLE

1981 startete die NASA das erste wiederverwendbare Raumfahrzeug der Welt: das Space Shuttle. Es sieht aus wie ein Flugzeug. Beim Start wird es mit mächtigen Raketen ins All geschossen. Nach dem Weltraumflug kann es wieder zur Erde zurückfliegen und landen. Mit dem Space Shuttle wurde unter anderem das Weltraumlabor Spacelab ins All geflogen. Astronauten führten dort Weltraumexperimente durch. Auch das Weltraumteleskop Hubble wurde mit dem Space Shuttle ins All gebracht und repariert. 2011 flog das letzte Space Shuttle.

Die russische Mir

DIE RAUMSTATIONEN MIR UND ISS

1986 weihten die Russen die erste bemannte Raumstation namens Mir ein. Ihre Flughöhe betrug etwa 390 Kilometer. Sie bestand aus Modulen – so heißen die Teile der Raumstation, die wie ein Puzzle zusammengebaut werden. Fast 100 Raumfahrer besuchten die Mir, bis sie im Jahr 2001 zu alt war und zum Absturz ins Meer gebracht wurde.

Auf die Mir folgte 1998 die Internationale Raumstation ISS. Ihre Flughöhe betr ägt ungefähr 420 Kilometer. Die Astronauten erforschen dort die Bedingungen der Schwerelosigkeit. Sie wollen zum Beispiel wissen, wie sich das auf den Körper auswirkt oder wie dort Pflanzen wachsen.

REISEZIEL MARS

Als Nächstes möchten Raumfahrtorganisationen Menschen zum Nachbarplaneten Mars bringen. An sich ist die erforderliche Technik vorhanden. Aber man muss sehr gut vorbereitet sein. Der Flug zum Mars dauert etwa ein halbes Jahr. Alles Lebenswichtige muss man mitbringen: Luft, Wasser und Nahrung. Ein Raumanzug schützt vor der energiereichen Strahlung des Alls. Du wirst bestimmt in wenigen Jahrzehnten die ersten Menschen auf dem Mars erleben.

Pipi machen und schlafen auf der Raumstation?

Bei Schwerelosigkeit ist alles anders – auch der Toilettengang. Die Astronauten haben eine Absaugvorrichtung, damit nichts danebengeht. Und Schlafengehen? Damit man nicht wegschwebt, schnallt man sich vorher an!

Die Internationale Raumstation ISS mit angedocktem Space Shuttle

DER WELTRAUM

UNSER PLATZ IM WELTRAUM

ENTSTEHUNG DES SONNENSYSTEMS UND DER ERDE

Die Erde war nicht schon immer da. Sie ist zusammen mit der Sonne und den anderen Planeten vor 4,6 Milliarden Jahre entstanden. Damals gab es eine Materiescheibe, die sich ständig drehte und in deren Mittelpunkt sich die größte Masse ansammelte. Daraus entstand die Sonne. Weiter außen verdichtete die Schwerkraft Teile der übrigen Materiescheibe zu den Planeten.

PLANETEN UND DER TIERKREIS

Weil das Sonnensystem früher einmal eine Scheibe war, siehst du die Planeten auch nicht überall am Himmel verteilt. Du findest sie nur in bestimmten Sternbildern, die von uns aus gesehen in Richtung der ehemaligen Scheibe liegen. Das sind die zwölf Sternbilder im Tierkreis. Die kennst du bestimmt, weil eines davon dein Sternzeichen ist. Sie heißen: Steinbock, Wassermann, Fische, Widder, Stier, Zwillinge, Krebs, Löwe, Jungfrau, Waage, Skorpion, Schütze. Nur in diesen Tierkreiszeichen wirst du am Himmel Planeten finden.

Dein Sternzeichen

Übrigens: Zum Zeitpunkt deiner Geburt wanderte die Sonne durch ein bestimmtes Tierkreiszeichen, das somit dein Sternzeichen festlegte.

DIE ERDE VOM WELTALL AUS

Die Illustration zeigt, wie die Erde vom Mond aus gesehen ausschaut. Ist sie nicht wunderschön? Das Blaue ist das Wasser der Ozeane. Die Erdoberfläche ist zu etwa 70 Prozent von Wasser bedeckt. Ansonsten erkennst du das Braune von den Landmassen der Kontinente. Das Weiße sind Wolken – aus dem Weltall natürlich von oben gesehen – sowie das Eis am Nordpol (Arktis) und Südpol (Antarktis).

EIN ANGENEHMER PLATZ ZUM LEBEN

Uns geht es gut auf der Erde. Sie ist groß genug für uns alle; sie ist nicht zu kalt und nicht zu heiß. Es gibt Luft zum Atmen und flüssiges Wasser zum Trinken. Das ist nicht selbstverständlich! Auf anderen Planeten sieht es da schlechter aus. Die Lufttemperatur auf Meereshöhe liegt zwischen minus 89 Grad Celsius bis plus 58 Grad Celsius. Die Luft besteht aus verschiedenen Gasen, vor allem aus Stickstoff und Sauerstoff. Der für Tiere und Menschen lebenswichtige Sauerstoff zum Atmen wird von den Pflanzen hergestellt. Weil die Erde genau die richtige Temperatur hat, ist Wasser an der Oberfläche meistens flüssig.

8 Lichtminuten bis zur Sonne

Unsere Erde befindet sich ungefähr 150 Millionen Kilometer von der Sonne entfernt. Das Licht der Sonne benötigt für diese Strecke etwa 8 Minuten.

UNSER PLATZ IM WELTRAUM

Die Erde vom Weltall aus gesehen

Die Erde in Zahlen

Unser Planet Erde ist eine leicht abgeplattete Kugel mit ungefähr 12.700 Kilometern Durchmesser. Drückt man die Masse der Erde in Kilogramm aus, so ist das eine Sechs mit 24 Nullen!

WIE DAS LEBEN ENTSTAND

Die Entwicklung von Leben auf der Erde birgt noch viele Geheimnisse. Offenbar entstand es vor rund vier Milliarden Jahren zunächst in der Nähe heißer Quellen in der Tiefsee. Die ersten Lebensformen waren winzige Einzeller. Sie entwickelten sich weiter zu Vielzellern und komplexeren Lebensformen. Das Leben eroberte das Land und entwickelte sich weiter zu der Vielfalt, die wir heute kennen: Pflanzen, Tiere und Menschen.

IRDISCHES LEBEN IN GEFAHR

Es ist erstaunlich, dass das Leben auf der Erde schon so lange überdauert hat. Denn es ist ständig Gefahren ausgesetzt: Auf der Erde könnten verheerende Erkrankungen entstehen, für die es zurzeit keine Heilung gibt. Oder das Klima verändert sich so sehr, dass sich die Erde für Leben nicht mehr eignet. Es geschah bereits sehr oft und wird weiterhin passieren, dass kosmische Kleinkörper die Erde treffen. Ein besonders großer Körper soll vor etwa 65 Millionen Jahren zum Aussterben der Dinosaurier geführt haben.

WO KOMMT DER MOND HER?

Ein noch größerer Körper, der etwa so groß war wie der Mars (also halb so groß wie die Erde), hieß Theia. In der Frühphase des Sonnensystems soll Theia vor etwa 4,5 Milliarden Jahren die Urerde getroffen haben. Der Zusammenstoß war so heftig, dass beide Körper vollständig vernichtet und aufgeschmolzen wurden. Aus dem Material gingen zwei neue Körper hervor: unsere heutige Erde und der Erdmond.

Der Mond

WOHER WILL MAN DAS WISSEN?

Nach einer anderen Erklärung könnte der Mond auch von der Erde eingefangen worden sein. Aber für die Zusammenstoß-Vermutung gibt es ein paar überzeugende Hinweise: Die chemischen Zusammensetzungen von Erde und Mond sind verblüffend ähnlich. Die Bestimmung ihrer Alter liefert das gleiche Ergebnis. Außerdem ist der Erdmond für einen Mond ziemlich groß – er ist sogar größer als der Zwergplanet Pluto.

Wir brauchen den Mond

Gut, dass wir den Mond haben, denn der recht nahe, große Mond verlangsamte die Erdrotation auf aktuell eine Tageslänge und festigt die Erdachse.

UNSER PLATZ IM WELTRAUM

DER MOND

DIE MONDOBERFLÄCHE

Der Mond ist nach der Sonne das zweithellste Himmelsobjekt. Mit bloßem Auge kannst du bereits Oberflächenstrukturen erkennen. Es gibt helle, fast weiße Bereiche und dunkelgrau aussehende große Flächen, die man früher für Meere gehalten hat. Und es gibt unzählige Krater. Tatsächlich ist der Mond sehr trostlos und öde. Es gibt nur Mondgestein und grauen Staub. Auf dem Mond wachsen keine Pflanzen und es gibt dort keinen blauen Himmel.

Mondkrater

Unser Mond in Zahlen

Der Mond ist etwa 380.000 Kilometer von der Erde entfernt. Sein Durchmesser beträgt ungefähr 3500 Kilometer (ein Viertel der Erde) und seine Masse in Kilogramm ist eine 7 mit 22 Nullen (ein Achtzigstel der Erde).

So sieht's auf dem Mond aus. Wenn du genau hinsiehst, entdeckst du auch das Mondauto.

LEBENSFEINDLICHER MOND

Offenbar fehlt dem Mond etwas, was wir auf der Erde haben. Es gibt auf dem Mond keine Meere und keine Seen. Es gibt dort kein Wasser zum Trinken. Der Mond hat aber auch keine Gashülle. Deshalb gibt es dort keine Wolken, keinen Regen, kein Wetter und keinen blauen Himmel. Auf der Erde entsteht das Himmelsblau, indem das Sonnenlicht an Gasteilchen in alle Richtungen gelenkt wird.

DIE MONDPHASEN

Wenn du einige Tage lang den Mond betrachtest, bemerkst du Veränderungen. Das sind die Mondphasen – kennst du sie? Es gibt vier Stück: 1) zunehmender Mond: eine nach links geöffnete Sichel; später ein Halbmond, der rechts hell ist, 2) Vollmond: eine hell leuchtende Kugel, 3) abnehmender Mond: eine nach rechts geöffnete Sichel; später ein Halbmond, der links hell ist, 4) Neumond: Der Mond ist nicht zu sehen, weil er genau zwischen Erde und Sonne steht.

Die Phasen des Mondes

Mondzyklus und Monat

Alle vier Mondphasen zusammen dauern 29,5 Tage. Dieser Mondzyklus geht danach wieder von vorne los. Die Bezeichnung „Monat" geht sogar auf den Mond zurück.

GEZEITEN: WENN DER MOND DIE ERDE BEWEGT

Obwohl der Mond viel kleiner ist als die Erde, beeinflusst er sie. Seine Schwerkraft bewegt die Meere (auch das Land), sodass auf der mondzugewandten Seite ein Flutberg entsteht. Die Fliehkraft formt einen zweiten Flutberg auf der mondabgewandten Seite. Die Erde dreht sich „unter den Flutbergen hindurch". Wenn du an Orten der Flutberge an der Küste stehst, siehst du einen sinkenden und steigenden Meeresspiegel – Ebbe und Flut. Das ist besonders stark bei Voll- oder Neumond, weil sich dann die Schwerkräfte von Mond und Sonne addieren (Springflut).

MENSCHEN AUF DEM MOND

Im Jahr 1969 sind Menschen sogar schon auf dem Mond gelandet. Natürlich mussten sie alles Lebensnotwendige mitnehmen: Luft, Wasser, Nahrung. Außerdem schützte sie ein Raumanzug vor der Kälte und Strahlung des Alls. Die Mondlandung war der Höhepunkt im US-amerikanischen Apollo-Raumfahrtprogramm der NASA. Die Mission Apollo 11 flog mit einer Saturn-V-Rakete zum Mond. Zwei Astronauten flogen mit der Landefähre „Eagle" (Adler) zur Oberfläche. Der erste Mensch auf dem Mond war Neil Armstrong. 20 Minuten danach folgte ihm Buzz Aldrin. Michael Collins, der dritte Astronaut, wartete in der Apollo-Kapsel im Mondorbit. Würdest du dir zutrauen, zum Mond zu fliegen?

ICH KENNE EINE MOFI, UND DU?

Mofi klingt witzig, oder? Das ist eine Abkürzung für Mondfinsternis. Ja, der Mond kann beinahe verschwinden, nämlich dann, wenn er durch den Schatten der Erde wandert. Die Erde ist ja eine große Kugel, die von der Sonne angestrahlt wird. Auf der sonnenzugewandten Seite ist Tag und auf der sonnenabgewandten Seite ist Nacht. Auf der Nachtseite erstreckt sich ein langer Schattenkegel in das Weltall. Dort kommt kein Sonnenlicht hin. Bewegt sich nun zufällig der Mond durch diese Schattenzone, so wird er stark verdunkelt: Das ist eine Mondfinsternis.

Hüpfende Astronauten

Der Mond ist kleiner und leichter als die Erde. Deswegen ist seine Schwerkraft sechsmal geringer als die der Erde. Das ist auch der Grund, warum die Astronauten auf dem Mond hüpfen, sie werden nicht so stark festgehalten.

IMMER DIESELBE SEITE

Ist dir schon einmal aufgefallen, dass wir auf der Erde immer dasselbe „Mondgesicht" sehen? Trotzdem dreht sich der Mond um sich selbst. Aber genauso schnell, wie er sich um sich selbst dreht, läuft er auf seiner Bahn einmal um die Erde herum. Mond und Erde haben über Milliarden Jahre ihre Bewegungen einander angepasst.

DER MOND HAUT AB!

Jedes Jahr vergrößert sich der Abstand zwischen Erde und Mond um fast vier Zentimeter. Das liegt an den Gezeiten. Denn die Flutberge wirken wie Bremsbacken an einer Fahrradfelge und verlangsamen die Erddrehung. In 100.000 Jahren nimmt daher die Tageslänge beständig um eine Sekunde zu. Die Erde kann dann den Mond nicht mehr so gut festhalten, sodass er sich immer mehr entfernt.

PLANETEN UND ZWERGPLANETEN

Merkur Venus Erde Mars Jupiter

URSPRUNG DER PLANETEN

Wie eingangs beschrieben, entwickelten sich die Sonne und die Planeten aus einer sich drehenden Gasscheibe. Das war vor 4,6 Milliarden Jahren. Die Schwerkraft „verklumpte" Teile der Scheibe zu den Planeten. Dabei entstanden kleinere gesteinsartige Planeten (Merkur, Venus, Erde, Mars) und riesige Gasplaneten (Jupiter, Saturn, Uranus, Neptun). Außerdem gibt es eine Vielzahl kleiner Objekte, die zu den Zwergplaneten, Kleinkörpern, Asteroiden und Kometen zählen.

UND SO HEISSEN DIE PLANETEN

Im Sonnensystem gibt es acht Planeten. Sie heißen von innen nach außen: Merkur, Venus, Erde, Mars, Jupiter, Saturn, Uranus und Neptun. Die Reihenfolge kannst du dir anhand der Anfangsbuchstaben dieses Satzes merken: „Mein Vater erklärt mir jeden Samstag unseren Nachthimmel." Ihre Entfernungen von der Sonne geben Astronomen in Astronomischen Einheiten (AU) an.

Wenn Astronomen AU sagen

Der mittlere Abstand von der Erde zur Sonne beträgt etwa 150 Millionen Kilometer. Astronomen nennen das die Astronomische Einheit (engl. astronomical unit, AU).

HEISS, HEISSER, VENUS!

Bei den Temperaturen an der Oberfläche ist der Rekordhalter nicht etwa der sonnennächste Planet Merkur, sondern die Venus. Der Grund: Der Treibhauseffekt in ihrer Atmosphäre heizt die Oberfläche extrem auf.

Saturn ist nicht ganz dicht

Wenn du die mittlere Dichte (Masse durch Volumen) von Saturn berechnest, wirst du feststellen, dass sie kleiner ist als von Wasser. Würde der Saturn in einen gigantischen Ozean fallen, würde er darin schwimmen!

DIE PLANETEN: GRÖSSEN, MASSEN, TEMPERATUREN UND ABSTÄNDE ZUR SONNE

Die Planeten sind alle kugelförmig. Das liegt daran, weil sie genug Masse haben, sodass die Schwerkraft sie rund formen kann. Bei ihren Entfernungen zur Sonne, ihren Massen, ihren Größen sowie ihren Temperaturen an der Oberfläche und ihrer Anzahl der Monde gibt es enorme Unterschiede. Schau dir die Tabelle an:

Name	Entfernung (AU)	Masse (in Erdmassen)	Durchmesser (km)	Temperatur (°C)	Monde
Merkur	0,4	0,1	4900	−173 bis +427	0
Venus	0,7	0,8	12.100	+437 bis +497	0
Erde	1	1	12.700	−89 bis +58	1
Mars	1,5	0,1	6800	−133 bis +27	2
Jupiter	5,2	317	140.000	ungefähr −108	67
Saturn	9,6	95	115.000	ungefähr −139	62
Uranus	19,2	15	50.000	ungefähr −197	27
Neptun	30,1	17	49.000	ungefähr −201	14

PLANETEN UND IHRE BEGLEITER

Die Schwerkraft der Planeten fängt einige kleine Begleiter ein: ihre Monde. In den letzten Jahrzehnten musste die Anzahl der Monde der Planeten immer wieder korrigiert werden, weil es schwierig ist, die kleinsten unter ihnen zu entdecken. Vor rund dreißig Jahren kannte man vom Jupiter nur elf Monde.

Der Jupitermond Io ist die aktivste Vulkanregion im Sonnensystem

DURCHBRUCH IN DER ASTRONOMIE MIT JUPITER

1609 begründete der Italiener Galileo Galilei die moderne Astronomie. Denn er beobachtete erstmals mit einem Fernrohr den Nachthimmel: Er entdeckte die Mondkrater, die Venusphasen und die einzelnen Sterne im Band der Milchstraße. Seine wichtigste Entdeckung: Jupiter wird von vier kleinen „Pünktchen" umkreist. Es sind seine vier größten und hellsten Monde: Ganymed, Kallisto, Europa und Io. Seinerzeit dachten die Menschen, dass die Erde im Zentrum des Universums stünde und alles um sie kreist. Nun sah Galilei mit eigenen Augen, dass nicht die Erde, aber Jupiter von etwas umkreist wird. Später wurde die Erde immer mehr aus dem Mittelpunkt des Weltalls gerückt.

Jupiter und seine vier größten Monde

PLANETENGIGANT JUPITER

Gut, dass wir den Jupiter haben. Er ist so etwas wie der „Staubsauger" des Sonnensystems. Durch seine riesige Masse ist Jupiters Schwerkraft so groß, dass er kleine Himmelsobjekte einfängt und sozusagen „verschluckt". Das verhindert auch, dass einige von ihnen die Erde treffen. So verwundert es kaum, dass Jupiter auch die meisten Monde von allen Planeten hat.

Spektakulär war es 1994, als der kleine Komet Shoemaker-Levy 9 dem Gasriesen zu nah kam. Die mächtigen Gezeitenkräfte des Planetenmonsters zerrissen den Kometen. Dessen Einzelteile regneten mit kleinen Explosionen auf Jupiter nieder.

Jupiter

Jupiters Vulkan-Massage

Die heftigen Gezeitenkräfte des Planetengiganten „kneten" seinen kleinen Mond Io so sehr durch, dass er die aktivste Vulkanregion im ganzen Sonnensystem ist. Ständig verändert sich Ios Oberfläche.

DIE RINGE DES SATURN

Hast du schon einmal die Saturnringe gesehen? Es gehört zu dem Schönsten, was die Astronomie zu bieten hat. Schon mit einem kleinen Teleskop kannst du erkennen, wie sich die Ringe von der Planetenscheibe des Saturn abheben – solltest du unbedingt gesehen haben! Die Ringe bestehen aus unzähligen kleinen Gesteins- und Eisbrocken, die der Saturn eingefangen hat.

Der wunderschöne Saturn mit seinen Ringen

WARUM IST PLUTO KEIN PLANET MEHR?

1930 wurde Pluto entdeckt. Er befindet sich mit rund 40 AU hinter Neptun und benötigt 248 Jahre für einen Sonnenumlauf. Pluto ist sogar kleiner als der Erdmond. Entsprechend gering ist seine Schwerkraft, sodass er seine Umgebung kaum beeinflussen kann. Um das Jahr 2000 herum wurden jenseits von Pluto weitere Pluto-ähnliche Himmelsobjekte entdeckt. Sie heißen unter anderem Sedna, Eris, Quaoar und Makemake. Die Internationale Vereinigung der Astronomen IAU diskutierte, ob sie alle Planeten werden sollten. Sie entschied 2006, dass sie lieber einen neuen Namen bekommen sollten: Zwergplaneten. Einer von ihnen ist Pluto.

Zwergplanet Pluto

ASTEROIDEN UND NOCH EIN ZWERGPLANET

Zwischen den Planetenbahnen von Mars und Jupiter tummeln sich tausende von Kleinkörpern. Das sind die Asteroiden. Der größte Asteroid heißt Ceres, ist kugelrund und auch ein Zwergplanet. Als man ihn entdeckte, wurde er zunächst auch zu den Planeten gerechnet. Wie du siehst, müssen die Astronomen manchmal ihre Begriffe überdenken und neu festlegen.

Ceres ist auch ein kugelrunder Zwergplanet

DIE KEPLER-GESETZE

Die Planetenbewegungen werden von der Sonne bestimmt. Die Bahnen der Planeten haben die Form eines Kreises oder einer Ellipse. Das ist das erste von drei Kepler-Gesetzen, die von Johannes Kepler entdeckt wurden. Nach dem zweiten Kepler-Gesetz überstreicht die Verbindungslinie zwischen Planet und Sonne (Fahrstrahl) in gleichen Zeiten gleich große Flächen. Daraus folgt, dass sich ein Planet auf einer Ellipsenbahn in Sonnennähe schneller bewegt als in Sonnenferne. Das Wichtigste ist das dritte Kepler-Gesetz. Es kann benutzt werden, um aus der Umlaufzeit eines Planeten und seinem Abstand zur Sonne die Masse der Sonne zu berechnen.

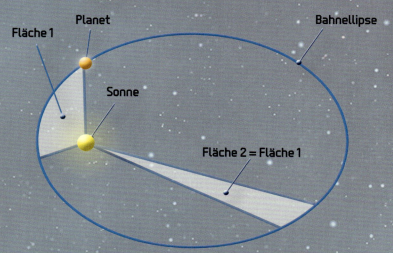

Der Planet kreist auf einer ellipsenförmigen Bahn um die Sonne (1. Kepler-Gesetz). Die Sonne sitzt in einem der beiden Brennpunkte der Ellipse. In gleichen Zeiten überstreicht die Verbindungslinie von Planet und Sonne gleich große Flächen.

SO WEIT KAM DIE MENSCHHEIT INS ALL

Im Jahr 1977 startete die NASA die beiden Raumsonden Voyager 1 und 2. Sie sind mittlerweile so weit vom inneren Sonnensystem entfernt, dass ein Funksignal (das so schnell ist wie Licht) zurück zur Erde ungefähr 17 Stunden benötigt! Damit sind die Voyager-Sonden die am weitesten entfernten Objekte, die Menschen hergestellt haben.

Voyager 1

DIE SONNE UND ANDERE STERNE

LEBENSSPENDER SONNE

Unsere Sonne ist das hellste Objekt am Himmel. Ihr verdanken wir Helligkeit, Wärme und Energie. Das Leben auf der Erde wäre ohne die Sonne gar nicht möglich.

DIE SONNE IST EIN STERN

Im Vergleich zu den Planeten gibt es einen wichtigen Unterschied. Unsere Sonne ist ein Stern, das heißt sie stellt das Licht selbst her. Die Planeten und Monde werfen das Sonnenlicht nur zurück wie ein Spiegel.

DIE SONNE IST ECHT HEISS

Irgendetwas ist besonders an der Sonnen und das ist ihre Masse. Sie ist so schwer, dass in ihrem Innern alles extrem zusammengepresst wird. Dabei wird es sehr heiß: Im Mittelpunkt des Sonneninneren herrschen rund 15 Millionen Grad! An der Sonnenoberfläche (Photosphäre) sind es dagegen „nur" 6000 Grad Celsius; das ist nur viermal heißer als eine Kerzenflamme.

TEILCHENVERSCHMELZUNG IN DER SONNE

Die Sonne ist eine riesige Gaskugel. In ihrem Inneren schwirren mit großen Geschwindigkeiten viele kleine Teilchen herum. Sie stoßen auch zusammen. Bei so hohen Temperaturen wie im Sonnenmittelpunkt können die Teilchen miteinander zu neuartigen Teilchen „verschmelzen". Physiker nennen das Kernfusion. Dabei werden Energie und Wärme frei, die uns letztlich als Sonnenstrahlen an der Nase kitzeln.

Woraus besteht Sonnengas?

Luft ist ein Gas, das vor allem aus Stickstoff und Sauerstoff besteht. Das Gas in der Sonnenkugel besteht aus Wasserstoff und Helium. Aus der Verschmelzung von Wasserstoffteilchen werden Heliumteilchen.

DER WELTRAUM

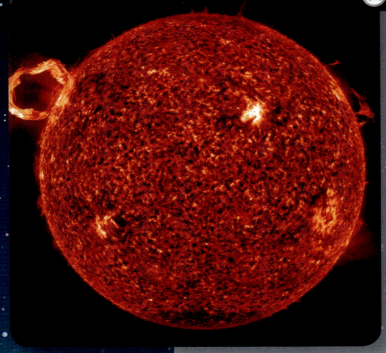

Das Foto wurde mit einem starken Filter aufgenommen, sodass die Sonne dunkler erscheint und man viele Oberflächendetails sehen kann.

DER HIMMEL IST ÜBERSÄT MIT STERNEN

Wenn du einen klaren Nachthimmel anschaust, siehst du vor allem Sterne wie die Sonne. Mit bloßem Auge sind das rund 6000 Lichtpunkte. Die Sonne ist das Hellste am Himmel. Dann kommt der Mond und danach die Venus. Am viert- und fünfthellsten sind Jupiter und Mars. Den Saturn und den Merkur kannst du gerade noch unter guten Bedingungen sehen. Wenn du eine 1 mit 22 Nullen hinschreibst, erhältst du die Anzahl aller Sterne im sichtbaren Universum!

STERNE DER MILCHSTRASSE

Alle Sterne, die du am Himmel sehen kannst, gehören zu unserer Heimatgalaxie. Man nennt sie auch Milchstraße, weil sie sich wie ein milchig trübes Band einmal am Himmel um den ganzen Erdball windet. In der Milchstraße befinden sich ungefähr 200 Milliarden Sterne. Sie sind unterschiedlich groß. Die schwersten Sterne der Milchstraße sind 100-mal schwerer als die Sonne.

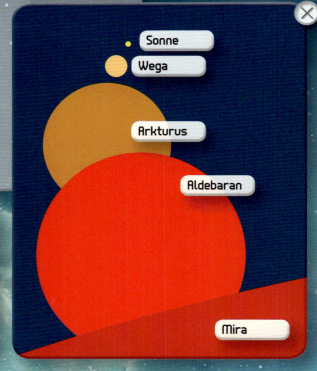

Unsere Sonne ist klein im Vergleich zu anderen Sternen.

Schwein gehabt!

Wäre der größte Planet Jupiter nur 85-mal schwerer geworden, hätten wir eine zweite Sonne im Sonnensystem gehabt. Dann wäre alles anders!

WOHER KOMMEN DIE FARBEN DER STERNE?

Unsere Sonne ist ein gelber Stern. Astronomen sagen zu ihr auch „gelber Zwerg", weil sie verglichen mit anderen Sternen eher klein ist. Die Temperatur an der Sternoberfläche bestimmt, in welcher Farbe der Stern uns erscheint. Kalte Sterne sind rot. Warme Sterne orange und gelb. Und heiße Sterne blau oder weiß.

Sterne haben unterschiedliche Farben und Helligkeiten.

Was ist ein Lichtjahr?

Licht ist das Schnellste, was es gibt. Es bewegt sich im luftleeren Raum mit einer Milliarde Kilometer pro Stunde. In einem Jahr schafft es ungefähr zehn Billionen Kilometer. Das ist das Lichtjahr, eine Längeneinheit.

DER NÄCHSTE STERN NACH DER SONNE

Der Nachbarstern der Sonne heißt Proxima Centauri. Er ist 4,3 Lichtjahre entfernt. Proxima ist ein kleiner roter Zwergstern. Er befindet sich im Sternbild Centaurus am Südhimmel und ist von Europa aus daher nie beobachtbar. Manchmal wird Proxima auch Alpha Centauri C genannt, weil er einer von drei nah beisammen stehenden Sternen ist. Das Dreiersystem besteht also noch aus Alpha Centauri A und Alpha Centauri B.

Der Pferdekopfnebel besteht aus kaltem, schwarzem Staub.

ASTEROIDEN, KOMETEN UND METEOROIDEN

KLEINERE HIMMELSKÖRPER IM SONNENSYSTEM

Außer Sonne, Planeten und Zwergplaneten gibt es jede Menge kleinere Körper im Sonnensystem. Sie haben je nach Eigenschaften und Herkunftsort verschiedene Namen bekommen.

ASTEROIDEN

Einige Hunderttausend Asteroiden oder Planetoiden befinden sich zwischen den Planetenbahnen von Mars und Jupiter. Sie sind kleiner als Planeten, aber größer als Meteoroide. Ihre Durchmesser sind geringer als ungefähr 800 Kilometer. Weil sie so klein sind, kann die Schwerkraft sie nicht kugelrund formen. Sie haben unregelmäßige Formen und sehen manchmal aus wie eine Kartoffel oder sogar wie ein Hundeknochen. Die bekanntesten Asteroiden heißen Pallas, Vesta, Lutetia, Mathilde, Ida, Eros und Gaspra.

METEOROIDEN

Meteoroiden sind auch Kleinkörper, aber noch kleiner als Asteroiden. Sie haben Durchmesser von Bruchteilen eines Millimeters bis zu einigen Metern. Sie sind so klein, dass sie keine eigenen Namen bekommen.

KOMETEN

Kometen kennst du bestimmt schon. Es sind Kleinkörper von wenigen Kilometern Größe und ebenfalls unregelmäßiger Gestalt. Wenn sie in die Nähe der Sonne kommen, heizt sich die eiskalte Kometenoberfläche auf und wird gasförmig. Die Lichtteilchen der Sonne „pusten" dann Teile der Gashülle (Koma) weg. So entwickeln die Kometen ihren typischen Schweif.

MEHR ALS EIN SCHWEIF

Eigentlich sind es zwei Schweife. Einer ist bläulich und kerzengerade. Dieser Ionenschweif zeigt immer von der Sonne weg. Er besteht aus elektrisch geladenen Teilchen (Ionen). Der andere Schweif ist mehr gebogen und breiter: der Staubschweif.

WOHER KOMMEN KOMETEN?

Kometen kreisen auch um die Sonne. Oft sind ihre Bahnen extrem eiförmig auseinandergezogen. Einige Kometen stammen aus der Nähe der Jupiterbahn. Andere kommen aus dem Kuiper-Gürtel, der sich hinter der Plutobahn befindet. Die am weitesten entfernten Kometen kommen aus der kugelförmigen Oortschen Wolke und haben Umlaufzeiten von mehr als 200 Jahren.

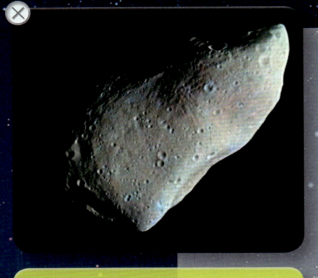

Gemüse im Weltall: Asteroid Gaspra sieht aus wie eine Kartoffel!

STEINE AUS DEM ALL

Die sehr kurze Leuchterscheinung, die aussieht wie ein Strich am Himmel, kennst du als „Sternschnuppe". Astronomen sagen dazu Meteor. Wenn die Sternschnuppe nicht ganz verglüht und ein fester Bestandteil davon auf der Erde niedergeht, so nennt man dieses Überbleibsel Meteorit. In Planetarien und Sternwarten kannst du Meteorite kaufen. Das sind echte außerirdische Steine aus dem Weltall!

STERNSCHNUPPEN STAMMEN VON KOMETEN

Bei ihrem Weg um die Sonne kreuzt die Erde auch Bahnen von Kometen. Dort haben sich winzige Bruchstücke des Kometen verteilt. Die Erde sammelt sie ein und dann sehen wir besonders viele Sternschnuppen. Auch wenn sie „Sternschnuppe" heißt, so kommt sie nicht von einem Stern, sondern von einem Kometen.

Was ist ein Radiant?

Die Striche der Sternschnuppen, die vom gleichen Kometen kommen, treffen sich am gleichen Himmelsort: dem Radianten. Das Sternbild, in dem er liegt, ist Namensgeber für den Sternschnuppenschwarm.

WÜNSCH DIR WAS!

Alle Jahre wiederkehrend beobachten wir daher an bestimmten Tagen einen Sternschnuppenregen. Astronomen nennen sie auch Meteorströme. Der bekannteste Meteorstrom heißt Perseiden, benannt nach dem Sternbild Perseus. Immer um den 11. oder 12. August fallen pro Stunde rund 150 Sternschnuppen!

Der 1,2 Kilometer durchmessende Barringer-Krater in den USA wurde durch einen Einschlag eines 50-Meter-Brockens geformt.

WOHER KAM DAS WASSER DER ERDE?

Kometen haben wie in einem Kühlschrank ganz altes Material aus dem frühen Sonnensystem gespeichert. Die Forscher benutzen sie deshalb, um zu verstehen, woraus das Sonnensystem früher bestand und wie es sich entwickelte. Sie nehmen sogar an, dass Einschläge von Kometen auf der Erde das Wasser der Ozeane lieferten.

Churys winzige Schwerkraft

Chury ist so klein, dass er nichts festhalten kann. Würdest du im Raumanzug auf ihm stehen und hochspringen, würdest du Chury schon verlassen.

KOMET CHURY BEKAM BESUCH

Die Europäische Weltraumorganisation ESA hatte 2004 die Rosetta-Raumsonde ins Weltall geschossen. Sie besuchte nach einem zehnjährigen Flug den Kometen 67P/Churyumov-Gerasimenko. „Chury" bewegt sich in der Nähe der Jupiterbahn um die Sonne. Er hat die Form eines Quietsche-Entchens und ist ungefähr 4 mal 3,5 mal 3,5 Kilometer klein. Ende 2014 gelang zum ersten Mal die Landung einer Sonde auf einem Kometen! Von der Rosetta-Sonde wurde die Landeeinheit Philae auf „Chury" fallen gelassen. Sie hüpfte ein paarmal und blieb an einem schattigen Platz liegen.

Der Komet „Chury" hat die Form eines Quietsche-Entchens.

DIE MILCHSTRASSE UND ANDERE GALAXIEN

LEBEN IN EINER RIESENSCHEIBE

Unsere Heimatgalaxie heißt Milchstraße, weil sie sich wie ein milchiges Band am Himmel einmal um die Erde windet. Das liegt daran, dass wir mit dem Sonnensystem Teil einer riesigen Scheibe sind. Die sich drehende Scheibe besteht aus etwa 200 Milliarden Sternen, bunt leuchtendem Gas und kaltem, schwarzem Staub. All das dreht sich wie in einem Karussell um die Mitte der Milchstraße. Der Durchmesser der Scheibe beträgt ungefähr 150.000 Lichtjahre!

SPIRALE UND BALKEN

Könnten wir unsere Heimatgalaxie von außen betrachten, würden wir ein hell leuchtendes Zentrum und etwa vier Spiralarme sehen. Die Sterne formen in der Milchstraßenmitte eine balkenförmige Struktur. Astronomen sagen daher, dass die Milchstraße eine Balkenspiralgalaxie ist.

RASENDES SONNENSYSTEM

Unser Sonnensystem ist von der Mitte der Milchstraße 26.000 Lichtjahre entfernt. Als das Licht, das wir jetzt sehen, sich dort auf den Weg machte, herrschte auf der Erde Steinzeit! Die Sonne umkreist die Milchstraßenmitte mit fast 800.000 Kilometer pro Stunde!

DIE ÄLTESTEN STERNE DER MILCHSTRASSE

Die ältesten Gebilde der etwa 13 Milliarden Jahre alten Milchstraße sind die Kugelsternhaufen. Das sind kugelförmige Ansammlungen von 100.000 bis 1 Million Sterne. Die Kugelsternhaufen befinden sich in einer Kugelschale, die sich um die Galaxienscheibe wölbt.

RÄTSEL IN DER MILCHSTRASSE

Da gibt es noch mehr als Sterne, Gas und Staub. Die Astronomen können damit allein nicht erklären, was die Milchstraße zusammenhält und wie sich ihre Sterne bewegen. Sie benötigen eine rätselhafte neue Materieform, die unsichtbar ist: „Dunkle Materie" – dazu später mehr.

DIE MILCHSTRASSE UND ANDERE GALAXIEN

NAHE GALAXIEN

Unsere Milchstraße ist nicht die einzige Galaxie. Astronomen schätzen, dass es insgesamt ungefähr 100 Milliarden Galaxien gibt. Schon in unserer Nachbarschaft gibt es die Große und die Kleine Magellansche Wolke, zwei unregelmäßig geformte kleine Galaxien in 170.000 bzw. 200.000 Lichtjahren Entfernung. Etwas weiter weg ist die Andromeda-Galaxie in 2,5 Millionen Lichtjahren. Sie ist eine Art „Schwester" der Milchstraße, etwas größer, aber ebenfalls eine scheibenförmige Spiralgalaxie. Und dann haben wir noch die Dreiecksgalaxie, auch eine Spiralgalaxie in 2,8 Millionen Lichtjahren Distanz. Diese Galaxien bilden zusammen mit mehr als 50 kleinen, runden Zwerggalaxien die Lokale Gruppe.

Die Milchstraße, eine Balkenspiralgalaxie

Wer war Magellan?

Ferdinand Magellan war ein Seefahrer im 16. Jahrhundert. Er beschrieb die Magellanschen Wolken des Südhimmels. Die Seefahrer nutzten Himmelsobjekte, um auf dem Meer die Himmelsrichtungen zu bestimmen.

GALAXIENTYPEN

Nach ihrer äußeren Gestalt unterscheiden die Astronomen Spiralgalaxien und Balkenspiralgalaxien. Außerdem gibt es kugelige oder ovale Formen: Das sind die elliptischen Galaxien. Alles, was nicht passt und unregelmäßige Gestalt wie die Magellanschen Wolken hat, fasst man als irreguläre Galaxien zusammen.

Andromeda-Galaxie

EIN HAUFEN GALAXIEN

In den Tiefen des Weltraums stoßen wir auf noch mehr Galaxien. Sie sammeln sich in Gruppen, wie in unserer Lokalen Gruppe. Die größten Ansammlungen mit rund 1000 Galaxien nennt man Galaxienhaufen. Sie werden auch von der Schwerkraft der Galaxien zusammengehalten. Unsere Lokale Gruppe wird vom nächstgrößeren Galaxienhaufen in etwa 50 Millionen Lichtjahren Entfernung angezogen. Das ist der Virgo-Galaxienhaufen im Sternbild Jungfrau.

Computersimulation: Im Großen ordnen sich die Galaxien und Galaxienhaufen wie auf Wänden riesengroßer Waben an. Das Blauweiße sind Galaxien und Galaxienhaufen, orange ist die Dunkle Materie.

Das sind Tiefenfeldbeobachtungen

Wenn Astronomen mit ihren Teleskopkameras einen dunklen Himmelsbereich viele Stunden belichten, machen sie sehr dunkle und weit entfernte Galaxien sichtbar. Sie sind überall!

Ein stundenlang belichtetes Foto mit dem Weltraumteleskop Hubble verrät in einem dunklen Himmelsbereich Tausende von Galaxien!

DAS UNIVERSUM IM GROSSEN

Die vielen Galaxienhaufen im Weltall verteilen sich nicht gleichmäßig im Raum. Die Schwerkraft formt dichte Ansammlungen vieler Galaxien. Diese „Knoten" sind miteinander durch dünne, fadenförmige „Brücken" verbunden. Insgesamt hat der Kosmos eine Art wabenförmige Struktur, wobei das Wabeninnere fast keine Galaxien enthält. Typische Abstände zwischen den Knoten sind im Bereich von Milliarden Lichtjahren.

VON BERUF ASTRONAUT

DER WELTRAUM

Die erste Frau im Weltall

1963 war die Russin Walentina Wladimirowna Tereschkowa die erste Frau im All. Sie umkreiste mit der Rakete Wostok 6 mehrmals die Erde. Bitte einmal ihren Namen laut lesen – Zunge verknotet? ;-)

WAS IST EIN ASTRONAUT?

Astronauten sind Raumfahrer, das heißt sie fliegen mit Raketen oder Raumschiffen ins Weltall. Der erste Astronaut der Welt war der Russe Juri Gagarin. In der Sowjetunion und in Russland heißen die Astronauten Kosmonauten. In China heißen sie Taikonauten.

UND WAS MACHT ER?

Ein Astronaut hat bei seinem Flug in den Weltraum ganz bestimmte Aufgaben. Vielleicht muss er ein neues Raumschiff testen. Oder er führt unter Weltraumbedingungen Experimente durch. Zum Beispiel schaut er sich an, wie sich Flüssigkeiten in der Schwerelosigkeit verhalten, und versucht, das mit Naturgesetzen zu erklären. Oder er möchte zu einem anderen Himmelskörper fliegen, zum Beispiel zum Mond oder zum Mars.

WAS MUSS ER KÖNNEN?

Astronauten haben eine lange und schwierige Ausbildung durchlaufen. Sie müssen körperlich gesund und fit sein. Sie müssen aber auch sehr gut ausgebildet sein. Typischerweise sind Astronauten Piloten, Naturwissenschaftler, Ingenieure oder Techniker.

ALEXANDER GERST, DER DEUTSCHE ASTRONAUT

2014 war Alexander Gerst als deutscher Astronaut fast ein halbes Jahr lang auf der Internationalen Raumstation ISS. Er entschied sich vorher für den Beruf Geophysiker, weil er sich sehr für Vulkane interessiert. Im Oktober 2014 hatte „Astro-Alex", wie er sich selbst auf Twitter nennt, sogar einen sechsstündigen Außenbordeinsatz.

KANNST DU ASTRONAUT WERDEN?

Deutsche Astronauten wie Alexander Gerst werden im Deutschen Zentrum für Luft- und Raumfahrt (DLR) ausgebildet. Die Europäische Weltraumorganisation ESA wählt aus, wer als europäischer Astronaut eingesetzt wird. Es ist nicht leicht, Astronaut zu werden, weil man sich gegen tausende Mitbewerber durchsetzen muss. Aber wenn du fit und schlau bist, kannst du es schaffen!

AN BORD EINES RAUMSCHIFFS

EINE RAKETE IST VOR ALLEM TREIBSTOFF

Die moderne Trägerrakete Ariane 5 der ESA hat eine Startmasse von fast 800 Tonnen. Davon entfallen nur etwa 10 Tonnen auf die Nutzlast, also etwa 1 Prozent.

DIE APOLLO-KAPSEL

Echte Raumschiffe sind anders als in Star Wars. Das Apollo-Raumschiff, mit dem NASA-Astronauten zum Mond flogen, besteht aus zwei Teilen: dem Kommandomodul und dem Servicemodul. Das kegelförmige Kommandomodul wog knapp sechs Tonnen, hatte einen Durchmesser von fast vier Metern und war gut drei Meter hoch.

GANZ SCHÖN ENG!

Auf echten Raumschiffen gibt es nicht viel Platz. Der Grund: Es kostet eine Menge Geld und Treibstoff, jedes Kilogramm in den Weltraum zu bringen. Den weitaus größten Anteil am Gewicht eines Raumschiffs hat der Treibstoff. Das, was transportiert werden soll, nennen Raumfahrttechniker „Nutzlast".

WARUM DREI ASTRONAUTEN?

Zur Apollo-Besatzung gehörte der Kommandant. Er war der „Chef" in der Kapsel. Weiterhin gab es einen Piloten für das Kommandomodul und einen Piloten für die Mondlandefähre.

HEISSE RÜCKKEHR ZUR ERDE

Die drei Astronauten kehrten im Kommandomodul zurück zur Erde. Damit es beim Wiedereintritt in die Erdatmosphäre nicht verglühte, hatte es einen Hitzeschild. Drei Fallschirme bremsten den Flug. Danach wasserte die Kapsel im Ozean.

DER UNFALL VON APOLLO 13

1970 passierte ein Unfall im Raumschiff von Apollo 13: Beim Flug zum Mond explodierte ein Sauerstofftank – etwa 300.000 Kilometer von der Erde entfernt! Die Mondlandung wurde abgebrochen. Zum Glück schafften es die Astronauten zurück zur Erde.

RAUMSTATIONEN

BERÜHMTE RAUMSTATIONEN

Du hast schon bei der Geschichte der Raumfahrt die russische Raumstation Mir und die Internationale Raumstation ISS kennengelernt. Die Mir war von 1986 bis 2001 im All und wurde zum Absturz gebracht, weil sie alt geworden war. Die ISS ist seit 1998 im Weltraum und wird ständig ausgebaut.

DIE ISS VON AUSSEN

Die ISS hat eine Größe von ungefähr 110 mal 100 mal 30 Metern und wiegt fast 500 Tonnen. Sie ist das größte künstliche Objekt im Erdorbit. Die ISS besteht aus Modulen und großflächigen Sonnenkollektoren. Damit kann das Licht der Sonne in Strom verwandelt werden.

LEBEN AN BORD DER ISS

Es gibt immer etwas zu tun. Die ISS-Bewohner haben einen streng durchgeplanten Tagesablauf. Alles auf der Station muss ja funktionieren. Manchmal führen sie Wartungs- und Reparaturarbeiten außerhalb der ISS durch. Dafür gibt es eine Luftschleuse und einen großen Roboterarm. In den Arbeitsmodulen experimentieren die Astronauten mit Materialien und erforschen Leben in der Schwerelosigkeit. Versorgungsflüge liefern unter anderem Nahrungsmittel und Post.

Ständig Tag und Nacht

Die ISS umkreist die Erde in rund 400 Kilometern Höhe. Ein Umlauf dauert ungefähr 90 Minuten, sodass für ISS-Bewohner die Sonne 16-mal in 24 Stunden auf- und untergeht.

DIE ISS VON INNEN

Die ISS besteht aus Wohn- und Arbeitsmodulen. Ganz wichtig: Lebenserhaltungssysteme, damit die Bewohner auf der Station bleiben können. Natürlich gibt es eine Küche. Trainingsgeräte dienen der körperlichen Fitness. An einem großen Aussichtsfenster können die Bewohner die Erde beobachten.

SATELLITEN, TELESKOPE & CO.

WIE VIELE AKTIV GENUTZTE SATELLITEN GIBT ES?

1957 war Sputnik 1 der erste Satellit in einer Erdumlaufbahn. Aber rasch folgten viele weitere. 1970 waren es noch rund 400 Erdsatelliten; 2006 schon doppelt so viele.

Wie schnell ist so ein Satellit?

Erdnahe Satelliten bewegen sich mit knapp 8 Kilometern pro Sekunde. Das entspricht fast 30.000 Kilometern pro Stunde!

Was ist die geostationäre Bahn?

In einer Höhe von ungefähr 36.000 Kilometern stimmt die Umlaufzeit eines Satelliten mit der Rotationsdauer der Erde überein. Der Satellit scheint deshalb immer über dem gleichen Punkt auf der Erde stillzustehen.

UND WOFÜR SATELLITEN?

Satelliten haben ganz unterschiedliche Funktionen. Wir benutzen sie, um die Erde zu beobachten. So lässt sich das Wettergeschehen verfolgen und vorhersagen. Oder Erdforscher studieren die Beschaffenheit der Oberfläche, zum Beispiel Veränderungen in den Meeren oder Vulkane. Es gibt auch Satelliten für die Navigation, damit beispielsweise Schiffe, Flugzeuge oder auch Menschen mit ihrem Handy auf der Erde den Weg finden. Mit Kommunikations- und Nachrichtensatelliten können wir über große Entfernungen hinweg miteinander telefonieren oder E-Mails austauschen. Schließlich nutzt auch das Militär Satelliten, zum Beispiel um andere Länder mit Kameras aus dem Weltraum auszuspionieren.

TELESKOPE IM WELTALL

Wissenschaftler benutzen Forschungssatelliten, um im Weltall Experimente oder Messungen durchzuführen. Etwas ganz Besonderes sind Weltraumteleskope. Warum dieser Aufwand? Nun, außerhalb der Erdatmosphäre gibt es keine Luft. Damit gibt es auch keine Winde oder Turbulenzen, die normale, erdgebundene Aufnahmen „verschmieren" und unscharf machen. Ein Weltraumteleskop wie Hubble kann deshalb gestochen scharfe Fotos von Himmelsobjekten machen. Es ist seit 1993 im All und eines der wichtigsten und erfolgreichsten Instrumente der Astronomie!

PROBLEM WELTRAUMMÜLL

Rund 600.000 Objekte, die größer als ein Zentimeter sind, tummeln sich in Umlaufbahnen um die Erde. Dazu gehören ausgebrannte Raketenstufen und Kleinteile. Die größten von ihnen werden mit Teleskopen und Radar ständig beobachtet, weil ein Zusammenstoß mit Satelliten eine große Gefahr darstellt. Allerdings sind Zusammenstöße zwischen größeren Satelliten sehr selten.

GIBT ES AUSSERIRDISCHE?

LEBEN AUSSERHALB DES SONNENSYSTEMS

Bestimmt hast du schon einmal den klaren Nachthimmel betrachtet und einige der vielen tausend Sterne gesehen. Hast du dich nicht auch gefragt, ob vielleicht ein Mädchen oder ein Junge viele Lichtjahre entfernt in einem anderen Sonnensystem auch gerade das Universum bestaunt?

WIE SEHEN ALIENS AUS?

Gibt es bei den Außerirdischen überhaupt Jungen und Mädchen? Vielleicht haben Außerirdische zehn Arme und drei Köpfe, weil das auf ihrem Planeten viel praktischer ist. Vieles spricht dafür, dass Aliens uns ähneln: Sie brauchen Augen, um das Licht ihres Heimatgestirns zu sehen. Sie benötigen Ohren, um die Schallschwingungen in der Gashülle ihres Heimatplaneten zu hören. Sie brauchen ein Atmungssystem und einen Blutkreislauf, um Gase aus ihrer Umgebung aufzunehmen und im Körper zu verteilen. Außerdem wäre ein Verdauungsapparat ganz gut, um Nahrung und damit Energie aufzunehmen.

Vielfalt des Lebens

Es gibt unheimlich viele unterschiedliche Lebewesen auf der Erde: Bakterien, Fische, Amphibien, Land- und Wirbeltiere, Vögel und Menschen. Manche von ihnen sehen schon aus wie Aliens, oder?

URSPRUNG VON KOHLENSTOFF, SAUERSTOFF, EISEN & CO.

Leben konnte überhaupt erst ein paar Milliarden Jahre nach dem Urknall entstehen. Der Grund: Erst dann gab es eine große Vielfalt chemischer Elemente, die wir in Lebewesen finden. Kurz nach der „Geburt" des Universums im Urknall vor 13,8 Milliarden Jahren war der Kosmos extrem heiß. Dabei bildeten sich die zwei leichtesten chemischen Elemente: Wasserstoff und Helium. Einige 100 Millionen Jahre später formten sich die ersten Sterne. In deren Innerem entstanden nach und nach Elemente wie Kohlen-, Sauer- oder Stickstoff. Die schwersten Elemente wie Gold, Blei oder Uran entstehen nur in Sternexplosionen.

UNSERE SONNE IST GENAU RICHTIG

Auch das Heimatgestirn darf nicht zu leicht und nicht zu schwer sein. Ein Stern mit großer Masse ist sehr kurzlebig und explodiert relativ schnell. Er wird nicht alt genug, dass sich in seiner Nähe Leben entwickeln könnte. Ein Stern mit kleiner Masse ist zwar sehr langlebig, aber er wird nicht warm genug. Planeten in seiner Nähe würden außerdem die Gashülle verlieren.

Verrückt, ich war vorher in einem Stern!

Das schwerste Element, das Sterne im Innern „verschmelzen" können, ist Eisen. Es fließt in unserem Blut.

IDEAL: EIN WASSERPLANET

Wie du weißt, gibt es nur auf einem Planeten im Sonnensystem Leben. Die Erde hat genau den richtigen Abstand zur Sonne, damit Wasser an der Oberfläche flüssig ist. Näher an der Sonne würde es verdampfen und weiter draußen gefrieren. Leben benötigt flüssiges Wasser. Wir Menschen bestehen zum größten Teil daraus.

GIBT ES MARSMENSCHEN?

1877 entdeckte der Italiener Giovanni Schiaparelli die „Marskanäle". Die länglichen Strukturen hielt man für künstliche Bauwerke von Marsmenschen. Erst als Raumsonden in den 1960er-Jahren nah am Mars vorbeiflogen und ihn fotografierten, war klar: Da ist niemand.

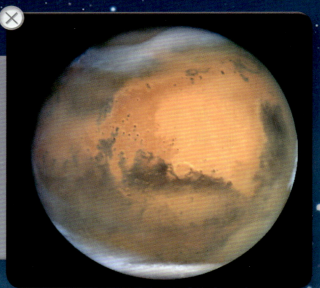

Unser Nachbarplanet Mars – gibt es dort Leben?

AUCH EINE GASHÜLLE WÄRE PRIMA

Die Erde hat außerdem eine Lufthülle. Der darin enthaltene Sauerstoff wird von Pflanzen hergestellt. Wir atmen ihn und brauchen ihn für Reaktionen im Körper. Zu kleine Himmelskörper können eine Gashülle nicht mit der Schwerkraft festhalten (siehe Merkur oder Erdmond). Bei massereichen Planeten wird die Schwerkraft so groß, dass Lebewesen „platt gedrückt" würden. Unsere Erde ist genau richtig.

Was ist ein Exoplanet?

Exoplaneten oder extrasolare Planeten sind alle Planeten außerhalb des Sonnensystems. Im Frühjar 2017 waren rund 3600 Exoplaneten bekannt – und es werden immer mehr.

WIE SAG ICH'S EINEM ALIEN?

Nichts ist schneller als Licht, aber es benötigt für seinen Weg von Sternen bis zu uns Jahre. Licht ist eine Form elektromagnetischer Wellen. Es gibt davon auch solche, die du nicht sehen kannst: Gamma-, Röntgen-, Ultraviolett- und Infrarotstrahlung.
Auch Radiowellen. Sie eignen sich gut, um sie zu Aliens zu schicken, weil sie auf ihrem Weg kaum abgeschwächt werden.

NACHRICHT VON EINEM PROXIMAJANER

Stell dir vor, es gäbe intelligente Aliens auf Proxima Centauri. Nun schickst du ihnen mit deinem Handy eine Funkwellen-Botschaft. Die Wellen wären von der Erde nach Proxima 4,3 Jahre lang unterwegs, weil sie genauso schnell sind wie Licht. Dann antwortet ein Proximajaner auf deine Nachricht. Natürlich dauert seine Antwort auch wieder 4,3 Jahre. Du würdest also fast neun Jahre auf die Antwort warten müssen!

WAS WÜRDEST DU EINEM ALIEN SAGEN?

Die Mathematik ist die universelle Sprache des Universums, die auch intelligente Aliens verstehen müssten. Um zu zeigen, dass es die Menschheit draufhat, sollten wir eine mathematische Botschaft schicken, zum Beispiel den Satz des Pythagoras oder die Zahl Pi.

Gibt's nun Aliens oder nicht?

Noch wissen wir nicht, ob es außerirdisches intelligentes Leben gibt. Aber die Astronomen suchen weiter danach mit immer größeren und besseren Teleskopen.

SCHWARZE LÖCHER

WARUM SCHWARZ?

Schwarze Löcher sind das Faszinierendste und Rätselhafteste, was das Universum zu bieten hat. Ihre Schwärze kommt daher, weil sie eine so starke Schwerkraft haben, dass sie sogar Licht festhalten können. Wenn das Licht von einem Objekt jedoch nicht entkommt, sieht es schwarz aus.

Gravitation ist keine Schwerkraft

Im Jahr 1915 fand das Physikgenie Albert Einstein heraus, dass man Gravitation nicht unbedingt als Schwerkraft verstehen muss. Er erfand etwas Neues und Besseres: die Allgemeine Relativitätstheorie. Was das genau ist, kannst du in Büchern und im Internet nachlesen.

SCHWERE STERNE WERDEN ZU LÖCHERN

Schwarze Löcher sind wahnsinnig kompakt: Wenn die gesamte Erdmasse in einer Murmel zusammengequetscht wäre, wäre sie auch ein Schwarzes Loch. Schwarze Löcher entstehen aus Sternen. Wenn ein Stern achtmal schwerer ist als die Sonne, wird das Innere des Sterns am Ende seiner Entwicklung zusammengepresst. Die superkompakte Materie verwandelt sich dann in einen Neutronenstern oder ein Schwarzes Loch. Die Astronomen haben schon viele Objekte gefunden, bei denen sie sicher sind, dass es Schwarze Löcher sind.

Gezeitenkräfte XXL

Es sind übrigens dieselben Kräfte wie bei Ebbe und Flut, die in der Nähe eines Schwarzen Lochs wirken – nur viel, viel stärker!

AUA, DAS GEHT NICHT GUT AUS!

Stell dir vor, ein mutiger (oder lebensmüder?) Astronaut würde mit den Füßen voran in ein Schwarzes Loch hineinspringen. Was würde passieren? Im freien Fall wird er immer schneller. Bei der Annäherung an das Loch zieht irgendwann die Schwerkraft mehr an den Füßen als am Kopf. Und dann? Klar, der Astronaut wird auseinandergezogen – „spaghettisiert", wie man sagt. Irgendwann sind die Kräfte so enorm groß, dass der Astronaut zerrissen wird.

GEGRILLT AM SCHWARZEN LOCH

Beim Sturz in ein Schwarzes Loch verändert sich auch das Licht. Vor Ort würde es heller und blauer werden. Der Astronaut würde nicht nur zerrissen, sondern auch gegrillt werden. Kein schönes Ende!

DIE GRÖSSTEN GRAVITATIONSMONSTER

Die Masse Schwarzer Löcher wächst, indem sie Materie und Licht verschlucken. Große Schwarze Löcher befinden sich in den Zentren von Galaxien. In unserer Milchstraße sitzt eines mit vier Millionen Sonnenmassen. Die schwersten Löcher erreichen sogar zehnmilliardenmal die Masse der Sonne!

DUNKLE MATERIE

AUFBAU DER GEWÖHNLICHEN MATERIE

Wenn du dich umschaust, entdeckst du überall normale Materie: Sie steckt im Tisch, im Stuhl, in der Wand, sogar in dir selbst – überall. Sie besteht aus winzigen elektrisch neutralen Teilchen: den Atomen. Im 20. Jahrhundert haben Physiker herausgefunden, dass die Atome aus weiteren Bausteinen bestehen. Diese Elementarteilchen fasst man unter den Namen Quarks und Leptonen zusammen. Kleiner geht es nicht.

ANTIMATERIE GIBT'S WIRKLICH!

Jedes Teilchen hat einen Partner, das Antiteilchen. Die beiden haben entgegengesetzte, elektrische Ladungen. Das Elektron ist elektrisch negativ. Sein Antiteilchen, das Positron, ist elektrisch positiv geladen. Ein Proton ist elektrisch positiv, aber das Antiproton elektrisch negativ geladen. Forscher haben sogar ein „Anti-Atom" hergestellt. Dieser Antiwasserstoff zerfiel aber schon nach kurzer Zeit.

Quark – ein lustiger Teilchenname

Die Teilchenphysiker haben sechs Quarks entdeckt. Sie bilden in Zweier- oder Dreiergruppen zusammengesetzte Teilchen. Protonen und Neutronen, Teilchen im Atomkern, bestehen zum Beispiel aus jeweils drei Quarks.

Lepton

Das bekannteste Lepton ist das elektrisch negativ geladene Elektron. Es umkreist den Atomkern und erklärt chemische Bindungen zu Molekülen.

WAS GANZ NEUES: DUNKLE MATERIE

Das ist aber offenbar nicht alles! In den 1930er-Jahren fanden Astronomen Hinweise auf eine vollkommen neue Materieform. Das Krasse: Sie ist unsichtbar und macht sich nur über ihre Schwerkraftwirkung bemerkbar. Diese Dunkle Materie ist sogar fünfmal mehr vorhanden als die normale vertraute Materie.

WAS MACHT DUNKLE MATERIE?

Dunkle Materie befindet sich überall in der Milchstraße – sehr wahrscheinlich auch in uns! Aber es ist unheimlich schwierig, sie zu entdecken. Dunkle Materie beschleunigt die Bewegung der Sterne in den Spiralgalaxien. Sie hält auch die großen Galaxienhaufen zusammen (siehe großes Hintergrundbild) – ohne Dunkle Materie würden sie auseinanderfliegen.

ABER WORAUS BESTEHT SIE?

Das weiß keiner. Es gibt natürlich ein paar Vermutungen, aber nun sind die experimentellen Physiker gefragt. Sie bauen viele verschiedene Experimente auf und hoffen, dass sie bald ein Dunkle-Materie-Teilchen fangen.

Neue Teilchenphysik

Die Physiker entwickeln die Naturwissenschaften ständig weiter. Sie möchten die Beobachtungen in der Natur schlüssig erklären und Geheimnisse lüften. Manchmal müssen sie eine alte Theorie durch eine neue ersetzen.

DER URKNALL

DER ANFANG VON ALLEM

Das Universum ist riesig und das Größte, was wir kennen. Vor gut 100 Jahren dachte man: Das Universum ist ewig und war schon immer da. Pustekuchen! Mittlerweile weiß man, dass es eine Art Geburt des Universums aus einem winzigen und sehr heißen Zustand heraus gab. Das war der Urknall. Er soll vor 13,8 Milliarden Jahren stattgefunden haben.

URSPRUNG VON TEILCHEN, KRÄFTEN, ATOMEN

In den ersten Sekundenbruchteilen und Minuten bildeten sich die Bausteine der Materie, Quarks und Leptonen sowie die Kräfte zwischen ihnen. Das Universum dehnte sich nach dem Urknall aus und kühlte dabei ab. So konnten sich die Bausteine miteinander verbinden. Wenige Minuten nach dem Urknall gab es schon die leichtesten Atome: Wasserstoff und Helium.

WIE GING'S WEITER?

Die Urmaterie kühlte weiter ab. Schließlich formte die Schwerkraft aus der Materie die ersten Klumpen. Diese konnten noch besser andere Klumpen anziehen. Es „verklumpte" immer mehr. So entstanden die ersten Sterne und Galaxien.

Big Bang, der Urknall

1949 wurde vom Kosmologen Fred Hoyle der Begriff „Big Bang" (eigentlich: der große Knall) erfunden. Witzig: Er hatte das eigentlich als Schimpfwort benutzt, weil er eine eigene Theorie hatte.

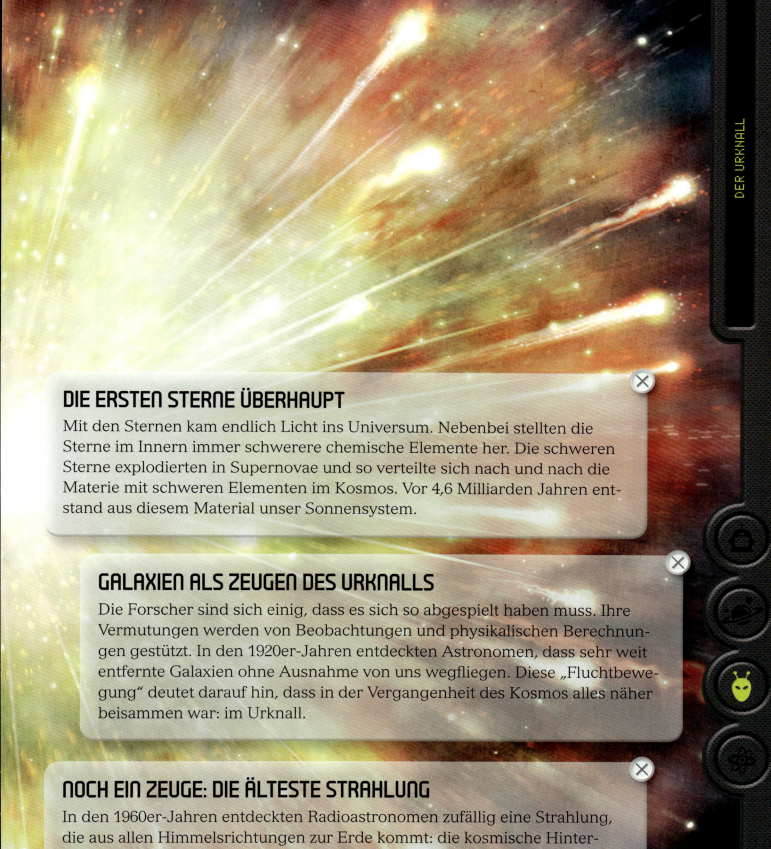

DIE ERSTEN STERNE ÜBERHAUPT

Mit den Sternen kam endlich Licht ins Universum. Nebenbei stellten die Sterne im Innern immer schwerere chemische Elemente her. Die schweren Sterne explodierten in Supernovae und so verteilte sich nach und nach die Materie mit schweren Elementen im Kosmos. Vor 4,6 Milliarden Jahren entstand aus diesem Material unser Sonnensystem.

GALAXIEN ALS ZEUGEN DES URKNALLS

Die Forscher sind sich einig, dass es sich so abgespielt haben muss. Ihre Vermutungen werden von Beobachtungen und physikalischen Berechnungen gestützt. In den 1920er-Jahren entdeckten Astronomen, dass sehr weit entfernte Galaxien ohne Ausnahme von uns wegfliegen. Diese „Fluchtbewegung" deutet darauf hin, dass in der Vergangenheit des Kosmos alles näher beisammen war: im Urknall.

NOCH EIN ZEUGE: DIE ÄLTESTE STRAHLUNG

In den 1960er-Jahren entdeckten Radioastronomen zufällig eine Strahlung, die aus allen Himmelsrichtungen zur Erde kommt: die kosmische Hintergrundstrahlung. Sie wurde kurz nach dem Urknall von dem Wasserstoff-Helium-Gasgemisch losgeschickt und ist heute noch beobachtbar!

PARALLELUNIVERSEN

WAS IST DAS?

Hast du schon einmal von einem Paralleluniversum gehört? Das gehört sicherlich zu den verrücktesten Ideen, die es in der Astrophysik gibt. Eines vorweg: Es gibt keinerlei Hinweise auf die Existenz eines oder vieler Paralleluniversen. Ein Paralleluniversum ist ein Universum wie unseres, das zur gleichen Zeit existiert. Unklar ist, ob es eine Art Tunnel von unserem zu diesem anderen Universum gibt.

SIND SCHWARZE LÖCHER TORE IN ANDERE WELTEN?

Die Schwarzen Löcher, die wir schon besprochen haben, bergen ein Geheimnis. Es ist nämlich nicht klar, was sich in ihrem Inneren befindet. Weil sie schwarz sind, erreicht uns ja keinerlei Information aus ihrem Inneren. Man vermutet, dass sie eine Art Tunnel sein könnten; eine Verbindung zu einem anderen Universum. Ob dieses Paralleluniversum unserem ähnelt, ist unklar; auch ob es dort Menschen geben könnte.

Parallel? Schon gehört!

Das Wort „parallel" kennst du vielleicht aus der Mathematik. Zwei Geraden, die nebeneinanderherlaufen und sich nicht überschneiden, sind parallel. Ein Paralleluniversum ist „parallel" zu unserem.

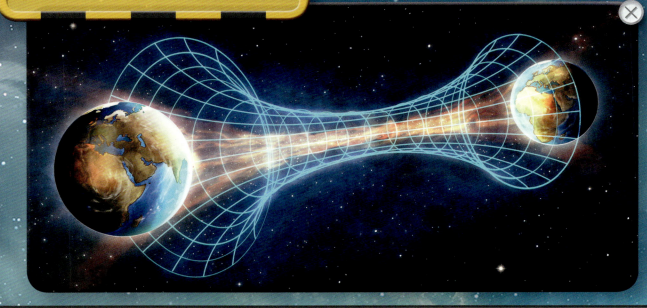

MERKWÜRDIGE QUANTENWELT

Im 20. Jahrhundert gab es neben der Relativitätstheorie von Albert Einstein noch eine zweite wichtige Theorie: die Quantentheorie. Sie beschreibt die Natur im mikroskopischen Bereich und noch kleiner sehr gut. Die Quantentheorie erklärt auch die Welt der Elementarteilchen. Sie ist aber schwer verständlich und viele ihrer Vorhersagen widersprechen allem, was wir aus dem Alltag kennen. Egal, offenbar beschreibt sie die Welt im Kleinen extrem gut!

Max Planck (1858–1947) ist der Begründer der Quantenphysik.

NOCH 'NE VARIANTE AUS DER QUANTENPHYSIK

Wenn du würfelst, kommt mit einer Wahrscheinlichkeit von einem Sechstel die Zahl 6. Die Quantenwelt ist merkwürdig, denn sie besagt, dass alle Ergebnisse, die möglich sind – hier die Zahlen 1, 2, 3, 4, 5, 6 –, auch eintreten werden. Jeweils mit der Wahrscheinlichkeit von einem Sechstel. Übertragen wir das auf unser Universum. Das würde bedeuten: Alle Möglichkeiten, wie unser Universum sein könnte, existieren zur gleichen Zeit nebeneinander! Das ist die Viele-Welten-Theorie, die auch unendlich viele Paralleluniversen zur Folge hätte.

Der seltsame Tunneleffekt

In der Quantenphysik gibt es den Tunneleffekt. Übertragen auf die Alltagswelt besagt er: Eine Kugel, deren Geschwindigkeit zu klein ist, um über einen Berg zu rollen, rollt einfach durch den Berg hindurch!

3 ... 2 ... 1 ... RAKETENSTART!

Du bist jetzt Raketentechniker und baust mit einfachen Haushaltsgegenständen eine echt coole Spielzeug-Rakete. Sie saust an einer langen Schnur durch dein Zimmer. Damit die Rakete sehr schnell werden kann, ist sie an einem Strohhalm befestigt, der auf einer Schnur gleitet. Es gibt dabei kaum Reibung, sodass die Post richtig abgeht!

WARUM FUNKTIONIERT DAS SO?

Deine Rakete mit dem Luftballon-Antrieb funktioniert genauso wie eine echte Rakete. Das Rückstoßprinzip beruht auf einem physikalischen Naturgesetz, dem Erhaltungssatz für den Impuls. Impuls nennen die Physiker das Ergebnis, wenn man die Masse mit der Geschwindigkeit malnimmt.

DAZU BRAUCHST DU:

- ✔ einen Luftballon
- ✔ eine dünne, 3 bis 6 Meter lange Schnur
- ✔ einen Strohhalm (am besten ohne Knick)
- ✔ Klebeband
- ✔ eine Spielzeug-Rakete oder einen Spielzeug-Astronaut (optional)

SO GEHT'S:

1 Stecke eine dünne, 3 bis 6 Meter lange Schnur in einen Strohhalm, bis sie am anderen Ende wieder herauskommt.

2 Verknote oder klebe nun beide Enden der Schnur an fest stehenden, schweren Gegenständen, zum Beispiel an einem Schrank oder am Scharnier einer Tür. Achte darauf, dass die Schnur gut gespannt ist. Du kannst sie waagerecht (empfohlen), schräg oder senkrecht spannen.

3 Mache einen Luftballon am Strohhalm mit Klebebändern fest, sodass er noch aufgeblasen werden kann.

4 Befestige am Halm zum Beispiel auch noch einen Spielzeug-Astronauten. Jetzt geht's endlich los! Luftballon aufblasen, Countdown zählen: „10, 9, 8, 7, 6, 5, 4, 3, 2, 1 – Raketenstart!" und loslassen!

Lieber ein Raketenauto?

Du kannst deine Rakete auch in ein Raketenauto umbauen. Befestige dazu den Luftballon an einem Modellauto.

MONDPHASEN-DAUMENKINO

Der Mond verändert seine Gestalt. Bei Neumond siehst du ihn gar nicht, weil er zwischen Sonne und Erde steht. Danach sieht der Mond aus wie eine Sichel – ein spiegelverkehrtes C. Sie wird von Tag zu Tag immer dicker. Es folgen Halbmond und Vollmond. Dann nimmt der Mond wieder ab, das heißt an seiner rechten Seite verdunkelt er sich immer mehr. Schließlich gibt es wieder einen Halbmond und eine Sichel in C-Form. Sie verschwindet, weil wieder Neumond ist. Das sind die Mondphasen.

DAZU BRAUCHST DU:
- 16 rechteckige, gleich große Karten aus dickerem Papier (Karton), etwa 8 Zentimeter mal 5 Zentimeter groß
- einen Zirkel
- einen schwarzen Stift oder Bleistift
- Kleber oder Gummi- oder Klebeband

Der Mondphasen-Zyklus
Von Neumond auf Neumond dauert es 29,5 Tage. Das ist fast so lange wie ein Monat. Der Name „Monat" leitet sich auch vom Mond ab.

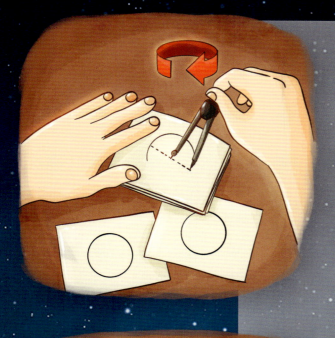

SO GEHT'S:

1 Zeichne auf jeder Karte genau in der Mitte mit dem Zirkel einen Kreis mit 1 oder 1,5 Zentimeter Radius.

2 Auf zwei Karten malst du den Kreis komplett schwarz aus. Das sind die Neumond-Karten. Eine davon kommt in deinem Kartenstapel ganz nach oben, die andere ganz nach unten. Bei der Vollmond-Karte malst du den Kreis gar nicht aus. Die anderen Kreise malst du schwarz aus, und zwar so, dass die helle Sichel am Anfang rechts ist und immer dicker wird (S. 23).

3 Sortiere die Karten in der richtigen Reihenfolge: von Neumond über zunehmender Mond und Vollmond, abnehmender Mond bis Neumond.

4 Verklebe die Karten miteinander. Du kannst den Stapel auch mit einem Gummi- oder Klebeband an der linken Seite fest zusammenklammern.

5 Los geht's! Halte dein Daumenkino an der verklebten Stelle gut fest und blättere es rasch mit dem Daumen durch.

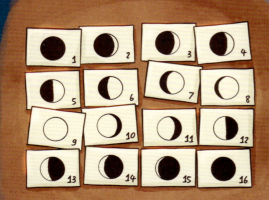

Die allererste Karte

Du kannst auch eine Titelkarte anfertigen, auf der „Mondphasen-Daumenkino" steht. Sie kommt natürlich im Stapel ganz nach oben.

DAS SONNENSYSTEM IN DEINEM ZIMMER

Das Sonnensystem besteht aus der Sonne und den acht Planeten Merkur, Venus, Erde, Mars, Jupiter, Saturn, Uranus und Neptun. Hier kannst du dir ein Sonnensystem für dein Zimmer basteln. Es veranschaulicht sehr gut die Größenverhältnisse und sieht richtig schick aus.

DAZU BRAUCHST DU:
- einen Bogen Papier (DIN A0)
- einen weiteren Bogen Papier (DIN A0), wenn du Saturns Ring mitbasteln möchtest
- Zirkel
- Stift
- eine etwas mehr als 3 Meter lange Schnur
- eine Schere
- einen Locher
- Lineal oder Metermaß
- Fotos von echten Planeten (wenn möglich)

Echte Planetenfotos
Du findest Bilder der echten Planeten im Internet bei der NASA. Drucke dir die Bilder in der richtigen Größe aus. Dann sieht es richtig echt aus!

SO GEHT'S:

1 Zeichne neun Kreise auf das Papier mit den Radien wie in der zweiten Spalte in der Tabelle angegeben. Die Sonne ist so groß, dass dein Zirkel nicht ausreichen wird. Lass dir von einem Erwachsenen dabei helfen!

2 Da Saturn einen von der Erde aus gut sichtbaren Ring hat, kannst du diesen auch mit aufmalen. Sein Außenradius beträgt 42,8 Zentimeter und sein Innenradius 6 Zentimeter.

3 Schneide die Kreise und Saturns Ring sorgfältig aus und schreibe in den Kreis den zugehörigen Planetennamen.

4 Stanze mit dem Locher in jeden Kreis ein Loch am oberen Rand. Suche einen geeigneten Platz für dein Sonnensystem-Modell und befestige dort eine Schnur an beiden Enden.

5 Fädele die Sonne und die Planeten in der richtigen Reihenfolge mithilfe der Löcher auf die Schnur. Stelle den richtigen Abstand der „Planetenscheiben" ein. Beginnend von der Sonne haben die Scheiben den in der dritten Tabellenspalte angegebenen Abstand. Verwende dazu ein Lineal oder Maßband.

6 Fertig ist dein eigenes Sonnensystem!

Himmelskörper	Radius (Zentimeter)	Abstand (Zentimeter)
Sonne	65	0
Merkur	0,25	4
Venus	0,55	7
Erde	0,6	10
Mars	0,3	15
Jupiter	6,45	52
Saturn	5,35	96
Uranus	2,35	192
Neptun	2,3	301

Maßstäbe

Du kannst mit verschiedenen Maßstäben experimentieren. Hier entspricht eine Astronomische Einheit 10 Zentimetern (1:15.000.000.000.000) im Abstandsmaßstab. Die Planetengrößen haben einen Maßstab von 1:1.200.000.000.

BESUCH AUS DEM ALL

Außerirdische sehen sehr wahrscheinlich etwas anders aus als Menschen. Aber bestimmt haben sie auch einen Kopf mit Augen und Ohren sowie Arme und Beine. Hier kannst du dir deinen Alien ausdenken und mit Knete in 3D basteln. Natürlich kannst du dir ein passendes Alien-Raumschiff, eine ganze Alien-Familie und ein Alien-Haus dazu ausdenken. Deiner Fantasie sind keine Grenzen gesetzt!

DAZU BRAUCHST DU:
- ✔ Knete
- ✔ Zubehör aus Plastik oder Pappe

Selfie mit Alien
Dein Kunstwerk muss für die Ewigkeit dokumentiert werden. Platziere deine Knetfiguren und mache ein Selfie: „Ich und mein Alien!"

SO GEHT'S:

1. Schnapp dir die Knete und leg los. Starte mit dem Außerirdischen. Ist er wunderschön oder hässlich-eklig?
2. Du kannst aus Plastik oder Pappe deinem Alien noch Zubehör geben, zum Beispiel eine furchterregende Alien-Waffe oder einen schicken Helm oder ein High-Tech-Gerät zum Beamen.
3. Alles klar, und jetzt? Ach ja, jetzt kannst du das Alien-Raumschiff, seinen Heimatplaneten oder die Alien-Familie oder ... oder ... kneten.

Wenn du lieber malst ...

Du kannst deinen fantastischen Alien natürlich auch malen. Papier und Stifte, los geht's!

DIE ERDE

Planet Erde

Der Planet, den wir am besten kennen, ist natürlich die Erde. Trotzdem gibt es noch eine Menge Geheimnisse, die erforscht werden können. Wir nennen die Erde den Blauen Planeten, weil sie aus dem Weltraum gesehen tatsächlich überwiegend blau ist.

Schieflage

In 365 Tagen bewegt sich unser Planet auf einer fast kreisförmigen Bahn um die Sonne. Außerdem dreht er sich in rund 24 Stunden einmal um die eigene Achse. Die steht übrigens schräg zur Sonne. Warum das von Bedeutung ist, erfährst du später.

Eigenschaften

Eins ist sicher: Die Erde ist ein ganz besonderer Planet. Er ist der einzige, den wir kennen, auf dem Leben möglich ist. Das hängt mit vielen Dingen zusammen. Zum Beispiel enthält die Atmosphäre Luft zum Atmen. Der Druck ist für Menschen, Tiere und Pflanzen gut auszuhalten. Die Temperatur ist genau richtig. Nichts verbrennt, aber es ist genug Wärme vorhanden. Ganz wichtig ist auch Wasser. Kein anderer Himmelskörper hat so viel davon wie die Erde.

Wie „schräg" unsere Erde tatsächlich steht, kann man auch an einem Globus sehen.

78

PLANET ERDE

Aufbau

Der **Kern** unserer Erde besteht aus den beiden Metallen Eisen und Nickel. Dort unten, über 6300 Kilometer unter deinen Füßen, existiert ein enormer Druck. Der sorgt dafür, dass der Erdkern hart ist. Bei der dort herrschenden unglaublich hohen Temperatur von 6500 Grad Celsius wäre Eisen nämlich eigentlich gasförmig. Der feste Mittelpunkt ist von einem **äußeren Kern** umgeben. Auch der besteht aus Eisen und Nickel, allerdings in flüssiger Form. Dieser äußere Kern ist 2200 Kilometer dick und zusammen mit der Erdrotation für unser Magnetfeld verantwortlich. Was das ist, erfährst du gleich.

Nach dem Kern folgt ein **Mantel,** der in drei Schichten unterteilt ist und nicht wie der Kern aus Metallen, sondern aus Mineralen besteht. Die unterste Schicht des Mantels ist „nur" noch 2000 Grad Celsius heiß und etwa 2100 Kilometer dick. Zwischen dem unteren und dem oberen Mantel liegt eine Übergangszone von etwa 250 Kilometern Dicke. Mit dem oberen Mantel, der aus sich ständig bewegenden Gesteinsbrocken besteht, sind wir nun schon fast an der Oberfläche. Ganz außen herum liegt die **Lithosphäre,** eine Schicht, zu der auch die Erdkruste gehört. Die **Kruste** ist der feste Boden, auf dem wir leben. Sie ist zwischen zehn und 30 Kilometern dick.

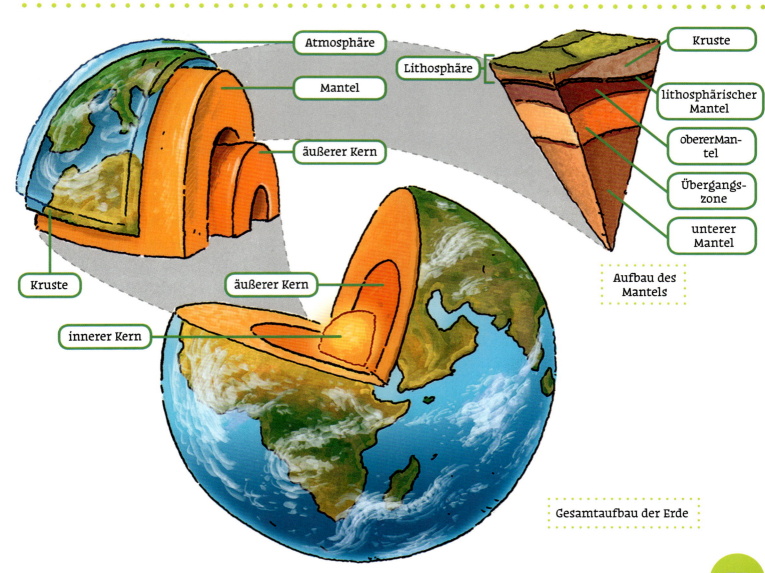

Aufbau des Mantels

Gesamtaufbau der Erde

79

DIE ERDE

Ganz schön viel Bewegung

Spannend: Die oberste feste Schicht der Erde schwimmt auf dem flüssigen Inneren. Das ist zwar nicht so, als würde die Erdkruste im Wasser treiben. Ein bisschen mehr Halt hat die Kruste schon. Trotzdem: Im Erdmantel steigen ständig erhitzte Gesteinsmassen auf, kühlen wieder ab und sinken zurück in die Tiefe. Die meiste Zeit über bekommen wir davon nichts mit. Manchmal aber spuckt plötzlich ein Vulkan Lava und Asche. Oder ein Erdbeben bringt Häuser zum Wackeln. Beides hat ganz viel mit der Bewegung im Erdmantel zu tun.

Wie ist die Erde entstanden?

Selbst Fachleute können nicht alle Fragen zur Entstehung der Erde beantworten. Vieles ist allerdings bekannt. Bevor sich unser Planet gebildet hat, gab es nur eine Wolke aus Wasserstoff und Staub. In diesem Staub kamen viele chemische Elemente vor, die wir zum Leben brauchen: Sauerstoff, Kohlenstoff, Stickstoff und auch Eisen, Schwefel oder Gold. Vermutlich wurde diese Staubwolke von einer Druckwelle getroffen. Sie geriet ins Rotieren, drehte sich immer schneller und die einzelnen Teilchen wurden zusammengepresst, bis sich schließlich eine Kugel bildete.

PLANET ERDE

Mond und Atmosphäre entstanden

Genau wissen die Wissenschaftler es nicht, aber viele glauben, dass die noch junge Erde mit einem anderen Himmelskörper zusammenstieß. Der Klumpen war so groß, dass durch den Aufprall die gesamte Oberfläche unseres Planeten geschmolzen ist. Dabei sind Trümmer entstanden, die ins Weltall geflogen sind und sich dort zum Mond verbunden haben. Nach Millionen von Jahren wurde die geschmolzene Oberfläche auf der Erde wieder fest. Aus dem Inneren der Erde traten Gase aus und bildeten die Atmosphäre. In dieser Lufthülle kühlte sich der Planet ab, aus Wasserdampf wurde Wasser. Im Laufe weiterer Millionen von Jahren veränderte sich die Atmosphäre ständig in ihrer Zusammensetzung.

Die Erde wird übrigens im Laufe der Zeit langsamer. Vor 600 Millionen Jahren dauerte ein Tag nur 22 Stunden, weil die Erde sich viel schneller um sich selbst drehte. Das bedeutet auch, dass in vielen Millionen Jahren ein Tag länger dauern wird als heute.

Kontinente bildeten sich

Auch die Landmassen und Ozeane, wie wir sie heute kennen, entwickelten sich erst nach und nach. Zunächst gab es einen riesigen Urkontinent. Der zerbrach in einzelne Platten und die Bruchstücke glitten auseinander. So bildeten sich langsam die Kontinente, die wir heute kennen. Manchmal passierte es, dass zwei Platten zusammenstießen oder sich übereinanderschoben. Dann faltete sich die Erdkruste auf und Gebirge entstanden.

Wie entstehen Tag und Nacht?

Das ist gar nicht schwer zu verstehen. Die Erde dreht sich um sich selbst und zeigt der Sonne im Verlauf von 24 Stunden immer eine andere Seite. Deshalb wird jeder Ort mal von der Sonne angestrahlt, das nennt man Tag, und mal nicht, das ist die Nacht.

DIE ERDE

Magnetfeld

Hast du eine Magnetwand zu Hause? Dann weißt du, dass es eine Kraft gibt, die bestimmte Gegenstände anzieht.

Was ist das für eine Kraft?

Bestimmte Gesteine und elektrische Ladungen haben eine magnetische Wirkung. Das bedeutet, sie ziehen Metall an oder stoßen es ab. An welcher Stelle in welche Richtung gezogen oder gestoßen wird, lässt sich durch Linien darstellen. Die Gesamtheit der magnetischen Wirkung eines Objekts ist das Magnetfeld. Du kannst es ausprobieren und sichtbar machen, wenn du zum Beispiel Eisenspäne auf ein Blatt Papier streust, unter dem ein Magnet liegt. Auch die Erde hat ein Magnetfeld.

Wie entsteht es?

Überall, wo Strom fließt, entstehen Magnetfelder. Im Erdkern befinden sich flüssige Eisenteile, die sich ständig bewegen. Dadurch wird die Erde zu einem gigantischen Magneten.

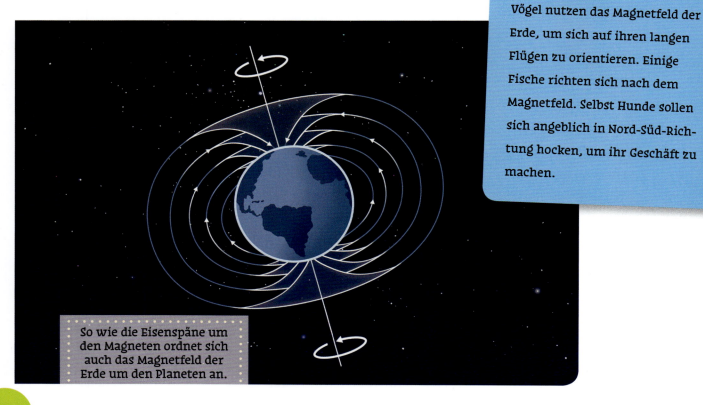

So wie die Eisenspäne um den Magneten ordnet sich auch das Magnetfeld der Erde um den Planeten an.

Vögel nutzen das Magnetfeld der Erde, um sich auf ihren langen Flügen zu orientieren. Einige Fische richten sich nach dem Magnetfeld. Selbst Hunde sollen sich angeblich in Nord-Süd-Richtung hocken, um ihr Geschäft zu machen.

MAGNETFELD

Kompass

Das Wichtigste an einem Kompass ist die magnetische Nadel, die frei beweglich aufgehängt ist. Ihre Spitze zeigt dir den Weg nach Norden. Im Mittelalter war ein Kompass ein unverzichtbares Hilfsmittel für alle Seefahrer.

Richtungswechsel

Die Erde ist ein riesiger Magnet mit einem Nord- und einem Südpol. Forscher haben entdeckt, dass im Laufe von Millionen Jahren die Pole ihren Ort mehrmals gewechselt haben. Das Magnetfeld wird schwächer, gerät einige Zeit so durcheinander, dass es mehr als zwei Pole gibt, und sortiert sich neu. Danach liegt der magnetische Norden allerdings am Südpol. Niemand weiß, warum das passiert. Bis zur nächsten Polumkehr wird es schätzungsweise noch über tausend Jahre dauern.

Polwanderung

In den letzten hundert Jahren sind die magnetischen Pole schon um über tausend Kilometer gewandert. Vermutlich sind Störungen im Stromfluss der Erde schuld, die ein erstes Zeichen für eine Veränderung des Erdmagnetfelds sind.

Polarlichter

Das Erdmagnetfeld reicht weit in den Weltraum hinein. Das ist gut, denn ständig schießen von der Sonne elektrisch geladene Teilchen Richtung Erde. Das Magnetfeld lenkt sie in Richtung der Pole ab. In den Polargebieten stoßen sie mit Luftteilchen zusammen und verursachen dadurch ein wunderschönes farbiges Leuchten – die Polarlichter.

DIE ERDE

Leben

Die Erde ist der einzige uns bekannte Planet, auf dem es Leben gibt – zumindest Leben, wie wir es kennen. Was uns so selbstverständlich erscheint, ist also alles andere als das. Die Entstehung des Lebens ist ein Wunder, das von vielen Zufällen abhängig ist.

Leben – was ist das?

Dass Menschen und Tiere leben, kannst du leicht erkennen. Sie bewegen sich und geben Geräusche von sich. Was ist mit Pflanzen? Sie sprechen nicht miteinander und laufen auch nicht durch die Gegend. Leben sie nicht? Oh doch! Was unterscheidet also Leben von leblosem Material?

Forscher haben versucht, eine Biosphäre künstlich herzustellen. Das ist nicht gelungen. Wir wissen also noch nicht alles über das Leben.

Bedingungen

Kurz gesagt, sind drei Bedingungen nötig, damit Leben entstehen und existieren kann: die richtige Temperatur, Wasser und eine Lufthülle. Was die Temperatur betrifft, haben wir Glück. Wir sind so weit von der Sonne weg, dass Wasser nicht verdampft und Metalle nicht schmelzen. Trotzdem sind wir nahe genug dran, damit nicht alles einfriert. In der sogenannten Biosphäre stimmt einfach die Chemie. Die Biosphäre der Erde ist der Raum auf unserem Planeten, in dem Leben vorkommt. Sie umfasst die oberen Erdschichten und unsere Seen und Meere. Auch eine rund 25 Kilometer dicke Schicht von der Erdoberfläche bis in den Himmel gehört zur Biosphäre. Dort gibt es die richtige Mischung aus Sauerstoff, Kohlenstoff und eben Wasser. Außerdem ist Energie vorhanden, die von den Lebewesen umgewandelt, aber nie verbraucht wird.

Merkmale des Lebens

Wissenschaftler haben verschiedene Voraussetzungen festgelegt, die bei einem Lebewesen erfüllt sein müssen.
- Ganz wichtig ist die Fortpflanzung. Alles, was lebt, sorgt für Nachkommen und sichert damit den Fortbestand seiner Art.
- Außerdem muss ein Stoff- und Energieaustausch mit der Umgebung vorhanden sein. Du bekommst deine Lebensenergie, indem du die Inhaltsstoffe aus Gemüse, Salat oder Fleisch in Energie verwandelst. Die meisten Pflanzen essen keine anderen Lebewesen. Sie stellen mithilfe der Sonne ihre eigene Energie her.
- Alles Lebendige wächst und entwickelt sich. Das kann ganz langsam oder schnell gehen.
- Bewegung ist ebenfalls ein Merkmal des Lebens, das auch Pflanzen erfüllen. Sieh dir ein Kräutertöpfchen auf dem Fensterbrett an. Die Triebe werden sich zur Sonne neigen.
- Schließlich die Reaktionsfähigkeit: Wenn eine Blume sich zum Fenster biegt, reagiert sie auf das Licht. Wie eine Katze reagiert, wenn du ihr aus Versehen auf den Schwanz trittst, weißt du selbst.

DIE ERDE

Erst eine Zelle, dann viele

Leben auf der Erde entstand vor vier Milliarden Jahren. Wie genau, weiß niemand so richtig, aber es gibt einige sehr kluge Theorien.
Eine Theorie besagt, dass zunächst viele kleine chemische Bausteine entstanden sind, die sich später zu größeren Komplexen zusammengefunden haben. Daraus sind dann irgendwann die ersten Zellen entstanden. Vor rund 700 Millionen Jahren haben sich einige dieser Zellen zusammengetan. Die ersten Pflanzen entwickelten sich, es folgten die Tiere. Aber auch heute noch gibt es Lebewesen, die aus einer einzigen Zelle bestehen.

Landgang

Zuerst gab es Leben nur im Wasser. Irgendwann fingen aber die Pflanzen und Tiere an, auch das Land zu besiedeln. Warum das passierte, weiß keiner so genau. Möglicherweise gab es im Wasser so viele Bewohner, dass es immer schwieriger wurde, ein Plätzchen zu finden und satt zu werden.

Erdzeitalter

Man unterteilt die Erdgeschichte in vier große Phasen: die Erdfrühzeit, das Erdaltertum, das Erdmittelalter und die Erdneuzeit. Jede Phase ist noch einmal in kleinere Abschnitte gegliedert, das kannst du auf dem Bild sehen. Unsere heutige Zeit heißt übrigens „Quartär". Sie dauert schon seit 2,5 Millionen Jahren.

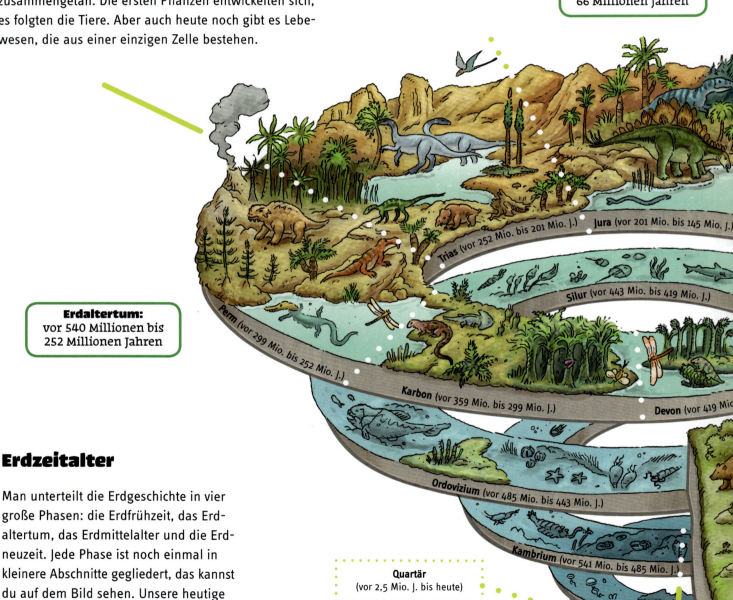

Erdmittelalter: vor 252 Millionen bis 66 Millionen Jahren

Erdaltertum: vor 540 Millionen bis 252 Millionen Jahren

Trias (vor 252 Mio. bis 201 Mio. J.)
Jura (vor 201 Mio. bis 145 Mio. J.)
Silur (vor 443 Mio. bis 419 Mio. J.)
Perm (vor 299 Mio. bis 252 Mio. J.)
Karbon (vor 359 Mio. bis 299 Mio. J.)
Devon (vor 419 Mio
Ordovizium (vor 485 Mio. bis 443 Mio. J.)
Kambrium (vor 541 Mio. bis 485 Mio. J.)

Quartär (vor 2,5 Mio. J. bis heute)

Erdfrühzeit: vor 4,56 Milliarden bis 540 Millionen Jahren

LEBEN

Auch die Wirbeltiere haben irgendwann den Sprung aus dem Wasser ans Land gewagt. Aus den Flossen der Fische wurden Beine. Dinosaurier und Vögel entstanden, schließlich auch Säugetiere. Die ersten menschenähnlichen Lebewesen spazierten vor einigen Millionen Jahren auf der Erde herum.

Der Mensch entwickelt sich

Damals lebte ein gemeinsamer Vorfahre aller heute lebenden Menschenaffen und damit auch von uns Menschen. Einige von diesen Affen fingen an, auf zwei Beinen zu laufen und Werkzeuge zu benutzen. Vor etwa 200.000 Jahren ist dann der *Homo sapiens* entstanden. Das bedeutet soviel wie „weiser Mensch". Der Mensch ist wie alle anderen Lebewesen das Ergebnis der Evolution. So nennt man es, wenn sich die Eigenschaften und Fähigkeiten, die in den Genen festgelegt sind und vererbt werden, verändern. So entstehen neue Lebewesen mit neuen Eigenschaften. Lebewesen, die Eigenschaften besitzen, die in ihrer Umwelt besonders nützlich sind, haben eine größere Chance zu überleben. Wir haben ja schon gesehen, dass sich unsere Erde und damit auch die Umwelt der Lebewesen in der Vergangenheit ständig verändert haben. Tiere und Pflanzen mussten da stets mithalten, um überleben zu können.

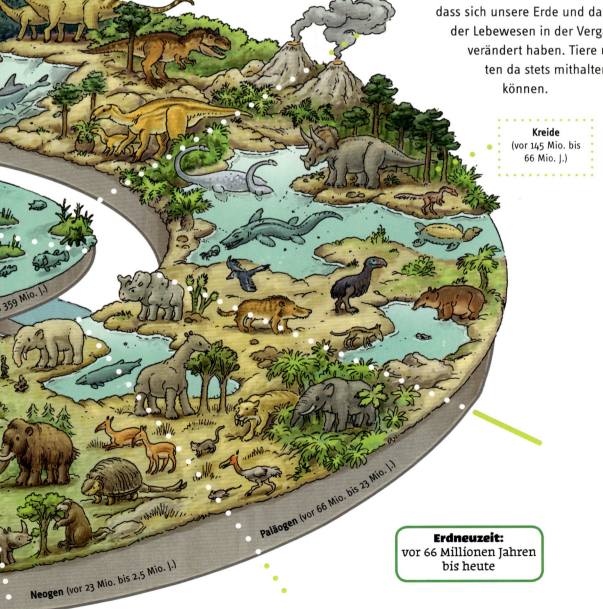

Kreide
(vor 145 Mio. bis 66 Mio. J.)

Erdneuzeit:
vor 66 Millionen Jahren bis heute

Paläogen (vor 66 Mio. bis 23 Mio. J.)

Neogen (vor 23 Mio. bis 2,5 Mio. J.)

87

DIE ERDE

Faktor Mensch

Wie du siehst, sind wir ziemlich junge Erdbewohner. Lange bevor es uns Menschen gab, waren schon andere Lebewesen hier zu Hause. Aber kein anderes hat den Planeten so schnell und so stark verändert wie wir.

Vom Affen zum modernen Menschen

Viele Funde beweisen, dass die Menschen immer größere Gehirne bekamen. Sie wurden immer schlauer, richteten sich bis zum völlig aufrechten Gang auf und begannen zu jagen. Der letzte wichtige Entwicklungsschritt war die Verwendung verschiedener Werkzeuge und vor allem die Nutzung des Feuers. Damit konnten unsere Vorfahren Speisen zubereiten, die roh ungenießbar waren.

Bevölkerung

Einen unserer Vorfahren nennen die Wissenschaftler *Homo habilis*, den „geschickten Menschen". Er lebte in Ostafrika. Andere Vorfahren der Menschen wagten sich von Afrika nach Europa und Asien vor. Als während der Eiszeit die Ozeane zufroren, konnten Menschen zu Fuß auch Amerika erreichen. Nach ihren Wanderungen blieben die Menschen an den verschiedensten Orten, wohnten in Höhlen und bauten sich später Hütten. Sie fingen an, Tiere zu züchten und gezielt Pflanzen anzubauen.

Unser nächster heute noch lebender Verwandter ist der Zwergschimpanse oder Bonobo.

Anhand solcher Schädel und dazugehöriger Skelette finden Wissenschaftler heraus, wie unsere Vorfahren und Verwandten aussahen.

Woher weiß man, wie Menschen vor Millionen von Jahren aussahen? Stell dir vor, Forscher haben beispielsweise ein Skelett gefunden, das schon 3,2 Millionen Jahre alt ist. Sie haben es Lucy getauft.

FAKTOR MENSCH

Auswirkungen

Du hast gelesen, dass heutige Menschen *Homo sapiens* genannt werden, was „weiser Mensch" heißt. Sind wir aber wirklich weise? Na klar, man muss ganz schön schlau sein, um Computer oder Flugzeuge zu bauen und um Tabletten oder Solaranlagen zu entwickeln. Der Fortschritt der letzten 200 Jahre hat unsere Erde radikal verändert. Die Menschen werden immer älter. Geburten sind sehr viel sicherer geworden und viel weniger Kinder sterben. Das ist prima.

Aber kannst du dir auch die Nachteile dieser Entwicklung vorstellen? In den letzten 60 Jahren hat sich die Weltbevölkerung fast verdreifacht. Es werden also dreimal so viel Fläche zum Leben, dreimal so viel Nahrung und dreimal so viel Energie gebraucht. Und wir produzieren jede Menge Müll. Wir beuten unseren einmaligen Planeten immer mehr aus und verschmutzen ihn. Das ist nicht nur schade, sondern auch sehr gefährlich.

Menschliche Entwicklungsstufen

DIE ERDE

Wasser

Ohne Wasser würde es auf der Erde kein Leben geben. Ein Mensch kann ohne zu essen länger überleben als ohne zu trinken. Grund genug, sich das nasse Element einmal genauer anzusehen.

Bedeutung für die Erde

In der Entstehungszeit unseres Planeten traten Gase, darunter Wasserdampf, aus dem Inneren der Erde nach außen. Sie bildeten eine Wolkendecke, durch die kein Sonnenstrahl auf die Erde kam. So wurde es immer kälter. Kalte Luft kann nicht so viel Wasser speichern wie warme. Deshalb begann es zu regnen ... und zu regnen und zu regnen – insgesamt mehrere Tausend Jahre lang. In Vertiefungen der Erdoberfläche bildeten sich so die Ozeane. Rund 75 Prozent der Erdoberfläche sind heute mit Wasser bedeckt.

Regen

Regen funktioniert heute noch so wie vor vielen Millionen Jahren. Wo es warm ist, verdunstet Wasser aus dem Meer, aus Seen und auch aus dem Erdboden. Wenn du schon mal in den Tropen warst, weißt du, wie feucht die Luft dort ist. Wenn diese warme Luft aufsteigt und in der Höhe auf kältere Schichten trifft, regnet es. Ein ewiger Kreislauf, den die Natur braucht. Mehr dazu später.

Dank unserer Atmosphäre entsteht kurz vor Sonnenuntergang oder nach Sonnenaufgang über dem Horizont oft ein rosa- oder orangefarbenes Band: der sogenannte Venusgürtel.

Wasserdampf

Der Wasserdampf in der Luft hat noch einen Vorteil. Er wirkt wie ein Schutzschild gegen schädliche Strahlen, die aus dem Weltraum kommen. Gleichzeitig verhindert er, dass es sich dort, wo unser Planet nicht von der Sonne angestrahlt wird, zu stark abkühlt. Wie ein Mantel hält die Dampfschicht die Wärme fest.

WASSER

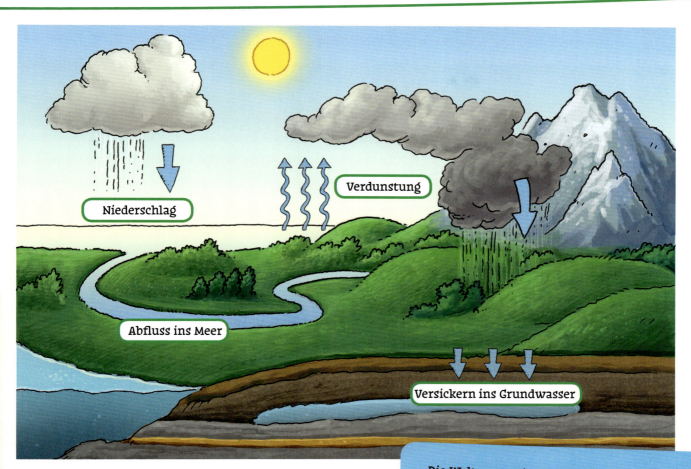

Der ewige Kreislauf des Wassers

Sieh dir den ewigen Kreislauf des Wassers genauer an. Über dem Meer und an Land steigt warme Luft auf. Sie hat Feuchtigkeit im Gepäck. In der Höhe bilden sich daraus Wolken. Die werden vom Wind davongetragen. Treffen sie auf ihrem Weg auf kalte Luftschichten, können sie die Feuchtigkeit nicht mehr halten. Es regnet, schneit oder hagelt. Das Wasser kommt auf die Erde zurück. Ein Teil fällt in Flüsse, Seen oder das Meer, verdunstet von dort wieder und steigt auf. Regen trifft natürlich auch auf Land. Die Tropfen versickern. Sie werden im Boden als sogenanntes Grundwasser gespeichert. Das kann irgendwo als Quelle wieder an die Oberfläche treten oder es wird in Wasserwerken gereinigt und dann zu uns nach Hause geliefert, denn wir brauchen ständig Wasser.

Die Weltmeere sind wie riesige Heizkörper. Wasser kann Wärme nämlich viel besser speichern als Landflächen. In Küstenorten ist es daher im Herbst etwa zwei oder drei Grad wärmer als im Landesinneren. Die See hat sich den Sommer über aufgeheizt und gibt nun die Wärme ab.

DIE ERDE

Bedeutung für den Menschen

Ein großer Anteil deines Körpers besteht aus Wasser. Das ist gut so, denn die Flüssigkeit transportiert Nährstoffe in alle Zellen. Deshalb ist es wichtig, dass du mit der Nahrung Flüssigkeit aufnimmst. Auch Abfall wird mit Flüssigkeit weggeschafft. Wenn du auf die Toilette gehst, verlierst du über den Urin Wasser. Übrigens scheidest du auch über die Haut Feuchtigkeit aus – du schwitzt. Schwitzen ist nicht eklig, sondern eine tolle Sache. Feuchte Haut fühlt sich nämlich kühl an, wenn Luft darüberstreicht. Du hast also in deiner Haut eine eingebaute Klimaanlage. Sogar über das Atmen gibst du Wasser ab. Das merkst du, wenn dein Atem im Winter als kleiner Nebel zu sehen ist.

> Du brauchst Wasser zum Trinken, zum Schwimmen, zum Waschen, manchmal zum Malen und für die Toilettenspülung. Was fällt dir noch ein?

Süß oder salzig

Das Grundwasser, Flüsse und Seen bestehen aus Süßwasser. Doch dieses Wasser macht nur einen kleinen Teil des gesamten Wassers auf der Erde aus. Insgesamt sind zwei Drittel der Erdoberfläche von Salzwasser bedeckt. Das liegt daran, dass der erste große Regen vor Millionen von Jahren Säure enthalten hat. Die hat Salze aus dem Boden gelöst, weggeschwemmt und in den entstehenden Ozeanen gesammelt. Aber auch heute noch löst das Regenwasser Salze aus den Gesteinen und transportiert es in die Meere. Wenn das Wasser wieder verdunstet, bleibt das Salz zurück. Salzwasser kann man leider nicht trinken.

WASSER

Wasserverschmutzung

Wasser ist ein kostbares Element. Trotzdem gehen wir nicht gut damit um. Giftige Abfälle aus den Fabriken werden in unsere Flüsse geleitet, Müll von Schiffen wird einfach ins Meer geworfen. Durch den Straßenverkehr entstehen Substanzen, die vom Regen in die Erde gespült werden. Die Bauern bringen Insektenvernichter oder Dünger auf ihre Felder. Vieles davon ist schädlich für unser Wasser und damit auch für uns.

Fische und andere Wasserlebewesen sterben an dem Dreck, den wir in das Wasser leiten. Viele Schadstoffe führen zu einem gigantischen Algenwachstum. Sterben diese Algen später, werden sie von Bakterien zersetzt. Dabei verbrauchen sie den im Wasser gelösten Sauerstoff. Man sagt, das Gewässer sei umgekippt. Die meisten Lebewesen im Wasser brauchen aber genauso wie du den Sauerstoff zum Leben, ohne ihn sind unsere Seen nur noch eine schmutzige Flüssigkeit.

Alles Wasser, oder was?

Du weißt, dass in deinem Körper Wasser enthalten ist. Aber nicht nur da, sondern zum Beispiel auch in unserer Nahrung.
Salatgurke: 96 Prozent
rohes Fleisch: 73 Prozent
Spaghetti mit Tomatensoße: 71 Prozent
Fruchtjoghurt: 79 Prozent

Qualle: bis zu 98 Prozent

Menschlicher Körper: 55–60 Prozent

Brot: 40 Prozent

Pflanzen: bis zu 96 Prozent

DIE ERDE

Luft

Ebenso lebenswichtig wie Wasser ist Luft. Du siehst sie nicht und spürst sie kaum, trotzdem ist sie da.

Was ist das?

Als unser Planet geboren wurde, bestand die gasförmige Hülle, die wir Atmosphäre nennen, wahrscheinlich aus Wasserstoff und Helium. Die Zusammensetzung der Atmosphäre hat sich mehrmals stark verändert. Heute enthält unsere Luft neben Kohlendioxid und Stickstoff auch den Sauerstoff, den Menschen und Tiere zum Leben brauchen.

Nicht einmal ein Viertel der Luft besteht übrigens aus Sauerstoff. Der größte Teil, nämlich 78 Prozent, ist Stickstoff, dazu kommt ganz wenig Kohlendioxid, das alle Pflanzen brauchen, um sich zu ernähren. Und dann sind da noch Edelgase und jede Menge winziger Staubkörnchen.

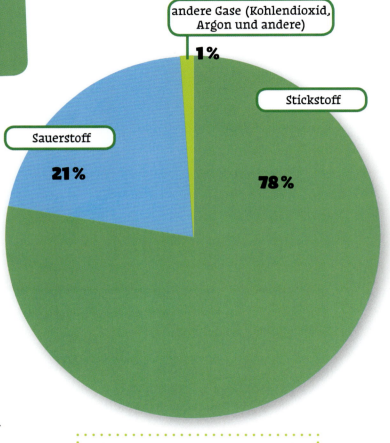

Die Zusammensetzung unserer Luft

Ohne Luft können wir nicht atmen, deswegen tragen Astronauten immer Helme, die sie mit Sauerstoff versorgen.

Wo ist sie?

Die Hülle aus Gasen um den Erdball, die Atmosphäre, reicht bis in Höhen von ungefähr 500 Kilometern. Eine genaue Zahl kann man nicht nennen, denn es gibt keine exakte Grenze zwischen Weltraum und Atmosphäre. Je weiter wir uns von der Erde entfernen, desto dünner wird die Luft, das heißt desto weniger Gasteilchen befinden sich in ihr. Im Weltraum gibt es dann keine Luft mehr.

LUFT

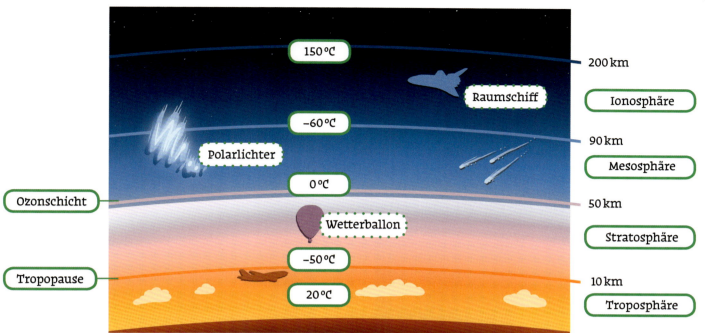

Aufbau

Schon deutlich unter 500 Kilometern Höhe ist die Luft nicht mehr das, was du täglich einatmest. Die Atmosphäre besteht aus mehreren Schichten. Ganz unten über dem Boden befindet sich die Troposphäre. Sie ist zwischen 8 und 17 Kilometern dick. Wenn du auf einen 1000 Meter oder noch höheren Berg steigst, merkst du schon, dass die Luft dünner wird. Die Zahl der Gasteilchen und damit auch der Sauerstoffgehalt nehmen nämlich von unten nach oben ab. In der Troposphäre spielen sich alle Wetterereignisse ab. Darüber befindet sich die Stratosphäre mit der Ozonschicht, die uns vor gefährlichen Sonnenstrahlen schützt. Dann kommen noch die Meso- und Ionospähre.

Bedeutung für das Leben

Die Gewinnung von Energie aus unserer Nahrung nennen wir Verbrennung. Dazu brauchen wir Sauerstoff. Auch der Luftdruck spielt eine Rolle. Schwer vorstellbar, aber Luft hat ein Gewicht. Ungefähr mit 1000 Gramm pro Kubikmeter drückt sie auf deinen Körper. Der ist darauf eingerichtet. Würde der Umgebungsdruck plötzlich zu stark steigen oder sinken, zum Beispiel wenn ein Taucher zu schnell ab- oder auftaucht, könnten sich die gasgefüllten Räume in seinem Körper, wie Lungen oder Mittelohr, nicht schnell genug anpassen und würden bei Druckerhöhung schrumpfen und sich bei Drucksenkung ausdehnen. Das kann zu Verletzungen führen.

Übrigens nutzen Menschen den Luftdruck unter anderem, um das Wetter vorherzusagen.

Ohne Luft könnten auch Heißluftballons nicht fliegen.

DIE ERDE

Schwerkraft

Es erscheint dir bestimmt selbstverständlich, dass du mit beiden Beinen auf dem Boden stehst. Ist es aber nicht. Ohne die Schwerkraft würdest du abheben.

Was ist das?

Bei der Schwerkraft handelt es sich um eine Anziehungskraft, die man auch Gravitationskraft nennt. Im Grunde ziehen sich alle Dinge an. Die Anziehung der Erde ist aufgrund ihrer riesigen Masse besonders stark. Deshalb fällt alles, was dir aus den Händen gleitet, nach unten. Und wir Menschen empfinden, egal wo wir auf dem Globus herumspazieren, den Erdboden als unten. Im Weltraum, weit genug von der Anziehungskraft des Erdkerns entfernt, ist das nicht so.

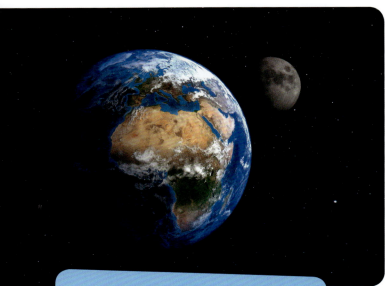

Im Vergleich zu anderen Naturkräften ist die Schwerkraft eher schwach. Außerdem wirkt sie vermutlich nur in eine Richtung – anziehend.

Wie funktioniert Schwerkraft?

So ganz genau lässt sich diese Frage noch nicht beantworten. Fachleute wissen nur, dass größere Massen kleinere anziehen. Deshalb kreist der leichtere Mond um die schwere Erde, und die leichteren Planeten kreisen um die schwere Sonne. Übrigens nennt man die Gravitation auch Massenanziehung.

Angeblich hat Sir Isaac Newton im 17. Jahrhundert die Schwerkraft als Erster durchschaut, nachdem ihm ein Apfel auf den Kopf fiel.

SCHWERKRAFT

Beim Trampolinspringen sind wir auch ganz kurz schwerelos.

Bedeutung

Für unser Leben ist die Schwerkraft genauso wichtig wie Luft oder Wasser. Ohne sie würde die Erde nicht in einer regelmäßigen Umlaufbahn um die Sonne kreisen. Alle Sterne oder Planeten würden durcheinandertrudeln. Das heißt, wir hätten keine Jahreszeiten, keinen Rhythmus von Tag und Nacht. Nicht einmal unsere Atmosphäre würde bleiben, wo sie ist. Leben hätte sich also gar nicht entwickeln können.

Gibt es sie auf anderen Planeten?

Hast du mal gesehen, wie Astronauten sich auf dem Mond bewegen? Sie springen bei jedem Schritt viel höher als auf der Erde. Das liegt daran, dass sie zwar vom Mond angezogen werden, aber weniger stark als auf der Erde. Auch auf den kleineren Planeten ist die Gravitation geringer, wir wären dort Leichtgewichte. Auf den großen Planeten, wie Jupiter oder Saturn, wären wir viel schwerer. Allerdings bestehen die großen Planeten aus Gas und haben gar keine Oberfläche, auf der wir mit einem Raumschiff landen könnten.

Im Weltall herrscht eine so geringe Anziehungskraft durch die Planeten, dass wir sie nicht mehr spüren. Deswegen „schweben" wir.

97

DIE ERDE

Erdteile

Reist du von Europa nach Amerika oder Australien, musst du einen weiten Ozean überqueren. Doch nicht immer war Wasser zwischen den Landmassen, die wir heute als Europa, Amerika und Australien kennen.

Kontinente

Heute unterscheiden wir sieben verschiedene Kontinente. Sie heißen Nordamerika, Südamerika, Europa, Afrika, Asien, Ozeanien und Antarktika. Das Wort Kontinent kommt aus der lateinischen Sprache und bedeutet „zusammenhängendes Land". Dass Europa und Asien als zwei Kontinente gezählt werden, obwohl sie zusammenhängen, liegt an der politischen Aufteilung der Erde. Oft nennt man diesen riesigen Kontinent aber auch zusammenfassend Eurasien. Istanbul in der Türkei liegt als einzige Stadt der Welt auf zwei Kontinenten, nämlich in Asien und Europa.

Früher haben Europäer einfach Gebiete in fernen Erdteilen erobert. Die Gebiete nennt man Kolonien, und einige von ihnen gehören trotz der großen Entfernung noch immer zu Frankreich, Dänemark oder Großbritannien.

Eine der größten Kolonialmächte war Großbritannien unter der Herrschaft von Queen Victoria.

ERDTEILE

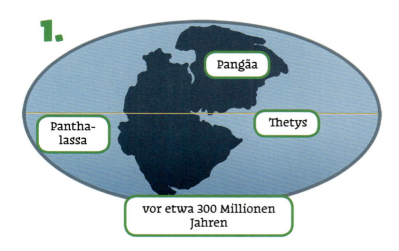

1. vor etwa 300 Millionen Jahren
   - Pangäa
   - Panthalassa
   - Thetys

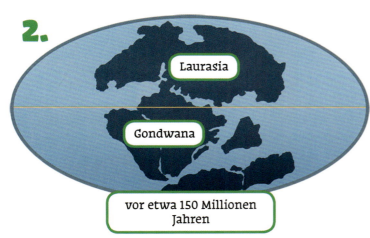

2. vor etwa 150 Millionen Jahren
   - Laurasia
   - Gondwana

3. heute

Entwicklung unserer Kontinente

Entstehung der Kontinente

Sieh dir Südamerika und Afrika einmal genau an. In einem Puzzle würdest du die beiden Teile bestimmt zusammensetzen können. Kein Wunder, denn vor über 300 Millionen Jahren waren sie auch noch miteinander verbunden. Zu der Zeit existierten zwei riesige Landmassen, den nördlichen Teil bezeichnen Wissenschaftler als Laurasia, den südlichen als Gondwana. Später wuchsen die beiden Kontinente zu einer riesengroßen Landmasse zusammen, die man Pangäa nennt. Aber auch dieser Superkontinent zerbrach vor etwa 150 Millionen Jahren durch Bewegungen im Inneren der Erde wieder in die Teile Laurasia und Gondwana.

So entstanden allmählich die Erdteile, die du heute aus dem Atlas kennst. Es hat allerdings eine ganze Weile gedauert, bis sie ihre heutige Form erreichten. Nicht nur Südamerika und Afrika haben sich getrennt, Nordamerika ist von Europa abgerückt und Indien ist von der Ostküste Afrikas bis nach Asien gerutscht.

Platten und ihre Bewegung

Du weißt ja, dass im Erdinneren jede Menge flüssiges Gestein ist. Die feste Erdkruste besteht aus mehreren Platten – die nennt man Kontinental- oder auch tektonische Platten. Sie schwimmen auf dem flüssigen Erdinneren und bewegen sich ständig – das können einige Zentimeter pro Jahr sein. Einige von ihnen rücken aufeinander zu und stoßen zusammen, andere entfernen sich voneinander. Die meisten Plattengrenzen liegen unter Wasser. Die Pazifische Platte westlich von Amerika ist beispielsweise völlig von Wasser bedeckt. Gleiten die Platten auseinander, bildet sich an der ehemaligen Grenze ein Spalt, aus dem flüssiges Material aus dem Erdinneren nach oben sprudelt. Manchmal schieben sich Platten aber auch übereinander.

DIE ERDE

Erdbeben

Immer wieder ist in den Nachrichten zu hören, dass es ein Erdbeben gegeben hat. Manchmal sieht man sogar Bilder von Supermärkten, in denen plötzlich Dosen und Kartons aus wackelnden Regalen fallen.

Was ist das?

Zu einem Erdbeben kommt es, wenn die Verschiebung tektonischer Platten eine messbare Erschütterung auslöst. Es ist schon ein bisschen unheimlich, passiert aber jeden Tag mehrmals. Manchmal bebt die Erde in unbewohnten Gebieten. Manchmal spürt man nur ein winziges Vibrieren, leider hinterlassen Erdbeben aber auch immer wieder schlimme Schäden.

Entstehung

Stell dir vor, du hast zwei Kartons mit Büchern und Spielzeug eingeklemmt zwischen zwei Schränken stehen. Die Spielsachen und Buchecken beulen die Kartons aus. Einen Karton willst du nun herausziehen, doch die Beulen verhaken sich mit denen des zweiten Kartons. Erst bewegt sich fast nichts, dann – zack – hast du Erfolg. Es scheppert ganz schön, während der Karton plötzlich aus seiner Nische rutscht. So ist es auch mit den Kontinentalplatten, die ja auch keine glatten Ränder haben. Gleiten sie aneinander vorbei, verhaken sich Gesteinsbrocken. Durch die verschiedenen Bewegungen der Platten wächst die Spannung an diesen Stellen und löst sich schließlich mit einem kräftigen Ruck. Das spüren wir dann als Erdbeben.

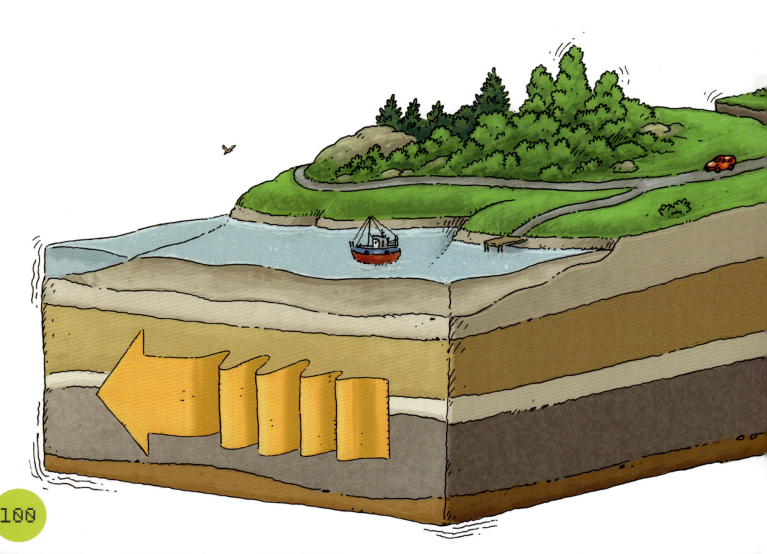

ERDBEBEN

Erdbebengebiete

Die meisten Beben finden da statt, wo tektonische Platten aufeinandertreffen. Logisch, oder? Das ist zum Beispiel in Japan, Chile, Mexiko oder Alaska der Fall. Besonders betroffen ist Kalifornien. Dort liegt die San-Andreas-Verwerfung, die bekannteste Grenze zwischen zwei tektonischen Platten. Sie ist nämlich die einzige, die man an Land sehen kann. Sie verläuft von Mexiko bis San Francisco. 1906 wurde San Francisco von einem schweren Erdbeben getroffen. Mehr als tausend Menschen starben dabei. Hinterher hatte sich die Erde an manchen Stellen um mehrere Meter verschoben.

Auswirkungen auf das Leben

Die Schäden eines Erdbebens hängen vor allem von dessen Stärke und Dauer ab. Kommt es zu schweren Erdbeben, können Straßen aufreißen sowie Brücken und Häuser einstürzen. Manchmal kommt es auch zu Erdrutschen und Bäume werden einfach entwurzelt. Dabei können Menschen und Tiere verschüttet, verletzt oder getötet werden.

Schutz

In gefährdeten Gebieten üben die Menschen, wie sie sich bei einem Erdbeben am besten verhalten, und lernen, welche Orte relativ sicher sind. Am besten versteckt man sich unter einem schweren Möbelstück. Außerdem arbeiten Forscher an sicheren Vorhersagen, damit sie die Bewohner warnen können.

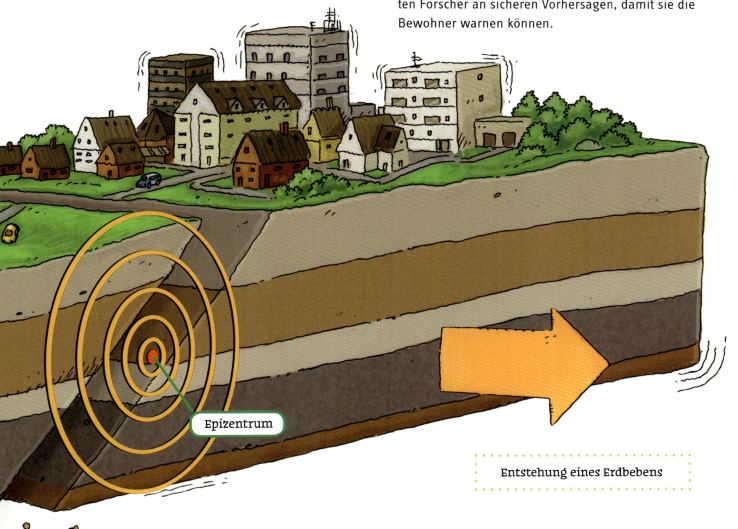

Entstehung eines Erdbebens

DIE ERDE

Tsunamis

Das Wort Tsunami kommt aus der japanischen Sprache und bedeutet „Welle im Hafen". Früher hat man von einer Erdbebenwelle gesprochen. Darunter kannst du dir bestimmt mehr vorstellen.

Was ist das?

2004 hat es in Asien einen schrecklichen Tsunami gegeben. Eine Welle aus dem Meer ist weit ins Land hineingeschwappt und hat anschließend Menschen, Tiere, Pflanzen, Autos und teilweise ganze Häuser mit in das offene Meer gerissen. Eine solche Monsterwelle, die sich hoch auftürmt und ganz besonders lang ist, nennt man Tsunami.

Wie entsteht er?

Du hast schon erfahren, dass die meisten Kontinentalplatten auf dem Meeresgrund aufeinandertreffen. Entsteht dort ein Beben, gerät der Ozean in Bewegung. Du kannst dir das gut vorstellen, wenn du eine Plastikschüssel mit Wasser füllst und von unten kräftig dagegen klopfst. Die Wellen, die durch ein Erdbeben im Ozean entstehen, breiten sich aus und bewegen sich mit großer Geschwindigkeit. In den flachen Küstengewässern werden die Wellen gebremst und türmen sich auf. Dadurch entstehen gigantische Wellenberge, die bis 30 oder 40 Meter hoch sein können.

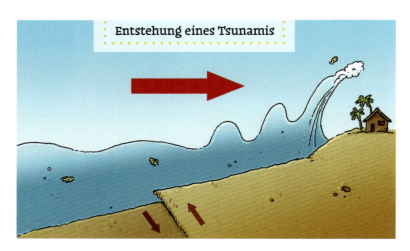

Entstehung eines Tsunamis

Viele Ursachen

Ein Tsunami kann auch entstehen, wenn ein Erdrutsch riesige Mengen an Gestein in das Meer drückt. Auch Vulkanausbrüche können Auslöser sein oder ganz selten ein Meteorit, der in das Meer stürzt.
1883 brach zum Beispiel der Krakatau auf der gleichnamigen Insel in Indonesien aus. Daraufhin entstand ein Tsunami, der 40 Meter hoch war und 35.000 Menschen tötete. Der Tsunami nach dem Erdbeben von Sumatra 2010 zerstörte ganze Ortschaften.

TSUNAMIS

Schäden nach einem Seebeben und Tsunami vor Japan

Gefährdete Gebiete

Nördlich und westlich der Pazifischen Platte entstehen die meisten Tsunamis – immerhin geschehen hier auch etwa 90 Prozent aller Erd- und Seebeben weltweit. Besonders bedroht sind Japan und Südostasien. Diesen Bereich nennt man auch Pazifischen Feuerring, denn hier gibt es besonders viele Vulkane.

Auswirkungen

Bei dem stärksten bisher gemessenen Tsunami in Südostasien sind 2004 über 200.000 Menschen ums Leben gekommen. Häuser, Straßen, Wasser- und Stromleitungen wurden zerstört. Boote wurden zum Teil einige Kilometer weit ins Landesinnere getragen und sind dort liegen geblieben. Noch lange nach einer solchen Katastrophe haben die Menschen mit den Auswirkungen zu kämpfen. Selbst Felder und Brunnen sind durch Salz und Sand nicht mehr nutzbar.

Schutz

Auch bei Tsunamis gilt: Wer gewarnt wird, hat die besten Chancen. Dann heißt es, ganz schnell möglichst hoch gelegene Gebiete wie Hügel aufzusuchen. Manchmal zieht sich das Meer erst weit vom Strand zurück, bevor ein Tsunami kommt. Es ist, als ob die Riesenwelle das flache Wasser vom Strand ansaugt. Wenn du so etwas siehst, bringst du dich am besten schnell in Sicherheit.
Tsunami-Frühwarnsysteme können dabei helfen, Menschen und Tiere rechtzeitig in Sicherheit zu bringen. Zu solchen Systemen gehören zum Beispiel Bojen auf dem Meer, die die Tsunamiwelle ausmessen können, und GPS-Stationen, die jede Bewegung des Erdbebens bemerken und aufzeichnen.

DIE ERDE

Vulkane

Ein Vulkan kann einem ganz schön Angst machen, wenn er Feuer und Lava spuckt. Ist er nicht aktiv, unterscheidet er sich kaum von anderen Bergen.

Was ist das?

Wie du weißt, gibt es im Inneren der Erde jede Menge sehr heißes, flüssiges Gestein, das Magma. Darüber liegt die Erdkruste. An einigen Stellen ist diese Kruste offen. In der Vergangenheit ist aus diesen Öffnungen an einigen Stellen Magma geströmt. Steine und Asche wurden ebenfalls herausgeschleudert. Das Magma, die Steine und die Asche haben sich um das Loch herum angehäuft. Manchmal ist so ein Hügel oder ein hoher Berg entstanden, der Vulkan.

Was passiert bei einem Vulkanausbruch?

Im Magma sind Gase enthalten, die einen ständigen Druck ausüben. Außerdem liegen unglaublich schwere Gesteinsmassen über der flüssigen Schicht in der Erde. Das heißt, von oben gibt es einen ständigen Gegendruck. Wenn dieser Druck zu groß wird, muss das Magma ausweichen. Dann kommt es zu einem Vulkanausbruch.

Immer wieder werden durch Vulkanausbrüche große Schäden angerichtet. Trotzdem ist es gut, dass es sie gibt. Sonst würde der Druck in unserem Planeten irgendwann so stark steigen, dass die Erde zerplatzen würde.

Rauch, Gas, Asche, Staub

Schlammstrom

Asche

VULKANE

Wie ein Sektkorken

Läuft ein Vulkanausbruch eher „ruhig" ab, nennt man das effusiv. Wenn du eine Plastiktüte mit Wasser füllst und vorsichtig zusammendrückst, läuft das Wasser über. So ähnlich kannst du dir den effusiven Ausbruch vorstellen. Der explosive Ausbruch entspricht eher dem Überlaufen einer Sektflasche, die geschüttelt wurde. Die Kohlensäure drängt nach oben, plötzlich fliegt der Korken weg, das Gas entweicht und nimmt ganz viel Sekt mit. Bei einem Vulkanausbruch spielen andere Gase eine Rolle und heraus schießt Lava statt Sekt, aber das Prinzip ist das gleiche.

Entstehung

Zu Beginn der Entstehung eines Vulkans ist da nur ein Loch in der Erde, aus dem Lava strömt. Sie kühlt an der Luft ab und erstarrt. Passiert das öfter, wird die Gesteinsschicht immer höher, der Vulkankegel türmt sich auf. Manchmal dauert das viele Hundert Jahre. Dann wieder ist der Ausbruch so gewaltig, dass innerhalb weniger Tage oder Wochen ein neuer Berg aus der Erde wächst.

Wo gibt es besonders viele Vulkane?

Vulkane gibt es besonders häufig an den Grenzen der Kontinentalplatten. Wird der Rand einer Platte von dem der anderen in die Tiefe gedrückt, schmilzt das Gestein, weil es dort unten viel heißer ist. Der Druck auf das Magma wächst. Rund um den Pazifik ist das so. Aber auch im Atlantik gibt es zahlreiche Vulkane. Einige sind auf dem Meeresgrund entstanden und dann aus dem Wasser gewachsen, zum Beispiel die Vulkaninsel Lanzarote.

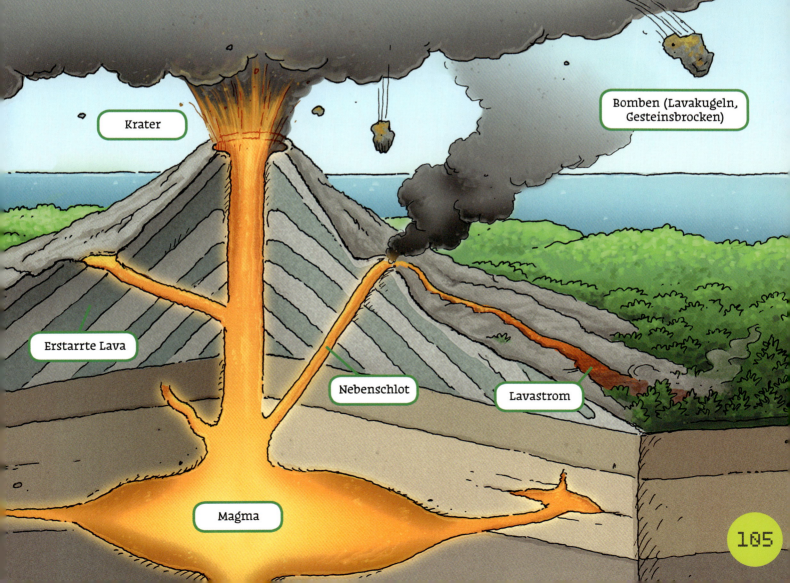

DIE ERDE

Heiße Quellen

Ist es nicht herrlich, im Winter in eine heiße Badewanne zu steigen? In einigen Ländern gibt es heiße Quellen in der Natur. Aber Vorsicht, in vielen würdest du dich verbrühen.

Welche Formen gibt es?

Island ist die größte und bekannteste Vulkaninsel der Welt. Kein Wunder, denn quer über die Insel verläuft die Grenze zwischen Eurasischer und Nordamerikanischer Platte. Dort spucken viele Vulkane ständig Lava. Neben den Vulkanen gibt es heiße Quellen und Geysire. Was das ist, und was noch so alles aus dem Erdboden strömt, kannst du auf diesen Seiten entdecken.

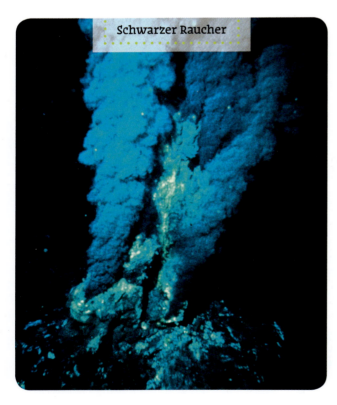

Schwarzer Raucher

Wenn eine heiße Quelle am Meeresboden ins Meer strömt, spricht man von einem **Schwarzen** oder **Weißen Raucher**. In der heißen Quelle gelöste Mineralien werden bei Kontakt mit dem kalten Meerwasser sofort fest. Das sieht aus wie Rauch unter Wasser. Die Farbe des Rauches hängt von den Mineralien darin ab.

Grundwasser in Vulkannähe

Legst du dir eine Wärmflasche unter die Bettdecke, steigt die Temperatur der Matratze und der gesamten Decke. Genauso wärmt auch das brodelnde Magma unter der Erdkruste Gesteinsschichten und Grundwasser auf, das in der Nähe fließt. Manchmal steigt das erhitzte Grundwasser nach oben und tritt als heiße Quelle aus der Erde.

Fumarolen an einem Vulkankratersee

Fumarolen sind Dampfaustrittsstellen in der Erde. Hier entweichen heiße Gase, die einen Weg aus dem Erdinneren nach oben gefunden haben.

Mofetten

Treten Gase aus, die weniger als 100 Grad Celsius heiß sind, nennt man das **Mofetten**. Manchmal fangen durch die Gase Seen an zu blubbern, als würden sie kochen. Dabei ist das Wasser nicht einmal warm.

HEISSE QUELLEN

Geysir

Geysire nennt man auch Springquellen. In regelmäßigen Abständen schießt nämlich heißes Wasser aus einer Pfütze oder einem Tümpel für kurze Zeit hoch in die Luft. Das geht so: Über heißem, unterirdischem Gestein ist eine Höhle, in der sich Wasser sammelt. Von der Höhle führt ein schmaler Schacht nach oben in den Tümpel. Das unterirdische Wasser wird durch das heiße Gestein erhitzt. Weil in dem gesamten Schacht Wasser steht, das nach unten drückt, verdampft das Wasser weiter unten nicht. Denn je höher der Druck, desto später kocht Wasser. Steigt die Temperatur weiter, bilden sich irgendwann doch die ersten Gasblasen.

Diese Gasblasen heben die gesamte Flüssigkeit im Schacht an. Du siehst oben im Tümpel plötzlich eine Wölbung in der Form einer umgedrehten Schüssel. Weiter oben sinkt der Druck und das Wasser verdampft blitzartig. Dieser Dampf schießt nun aus dem Tümpel und reißt Wasser mit nach oben.

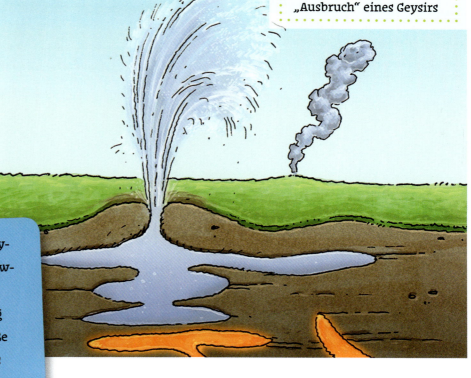

„Ausbruch" eines Geysirs

Island ist bekannt für seine vielen Geysire, aber die meisten gibt es im Yellowstone-Nationalpark in den USA. Dort spucken etwa 300 Geysire regelmäßig Wasser. Außerdem gibt es 10.000 heiße Quellen, das sind über 60 Prozent des weltweiten Bestands.

REGISTER

A4-Rakete 12
Aldrin, Buzz 24
Alien . . . . 54 ff., 74 ff.
Alpha Centauri C
 → Proxima Centauri
Andromeda-Galaxie 42
Antimaterie 60
Apollo . . . . 46 f.
Armstrong, Neil 14, 24
Asteroid . . . . 36 f.
Astronaut . . . 14 f., 24 ff., **44 f.**, 94, 97
Atmosphäre . . . . 78 f., 81, 94 f., 97
AU 26
Außerirdische . . . . 54 ff., 74 ff.

Balkenspiralgalaxie 42
Barringer-Krater 39
Baum 101
Biosphäre 84
Braun, Wernher von 12

Ceres 30
Chury 39
Collins, Michael 24

Dinosaurier 20
DLR 45
Dunkle Materie . . . . . . 41, 60 f.

Eagle 14, 24
Einstein, Albert 58, 65
Elementarteilchen 60, 65
Erdbeben . . . . 80, 100 ff.
Erde (Planet) . . . . . . 10, **18 ff.**, 26 f., 72 f., 78 ff., 82 ff., 89 ff., 94, 96 ff., 104
Erde (Boden) . . 90 f., 93, 100 f., 104 f., 106
Erdkruste . . . . . . 79 ff., 99, 104, 106
ESA . . . . 39, 45 f.

Europa (Jupitermond) 28
Evolution 87
Exoplanet 56

Fluss . . . . 91 ff.
Fumarole 106

Gagarin, Juri 13, 45
Galaxie . . . . 11, 40 ff.
Galaxienhaufen 11, 61
Galilei, Galileo 28
Ganymed 28
Gaspra 38
Gebirge 81
Gen 87
Gerst, Alexander 45
Gestein . . . . . . 99, 102, 104 f., 107
Geysir 107
Gezeiten 23
Gondwana 99
Gravitation . . . . 58 f., 96 f.
Grundwasser . . . . 91 f., 106

Heiße Quellen . . . . 106 f.
Herbst 91
Hintergrundstrahlung 63
Höhle 107
Hubble (Weltraum-
 teleskop) 14, 51
Hündin Laika 13
Hügel . . . . 103 f.

Insel 102, 106
Io . . . . 28 f.
ISS . . . . 15, 48 f.

Jupiter . . . . 10, **26 ff.**, 34, 72 f., 97

Kallisto 28
Kepler, Johannes 31
Kepler-Gesetze 31

Kohlendioxid 94
Komet . . . . 37 ff.
Kontinent . . . . 81, 98 f.
Küste 91, 102

Laurasia 99
Lava . . . . 80, 104 ff.
Leben . . . 20, 78, 80, 84 ff., 89, 93 ff., 101
Lepton 61
Lichtjahr 35
Lichtminute 19
Luft . . . . . 15, 19, 24, 51, 78, 81, 83, 84, 90 f., 94 f., 105, 107
Luftdruck 95

Magma . . . . 105 f.
Magnetfeld . . . . 79, 82 f.
Mars . . . . 10, 15, 21, 26 f., 30, 34, 36, 56
Materie . . . . 18, 41, 59 ff., 62
Meer . 15, 22 f., 42, 51, 84, 90 ff., 102 f., 105 f.
Mensch . . . . 13 ff., 19 f., 24, 28, 31, 51, 56, 64, 78, 82, 87, 88 f., 92, 94 ff., 101 f.
Merkur . . . . . . 10, **26 f.**, 34, 56, 72 f.
Meteoroid 37
Milchstraße . . . **10 f.**, 34, **40 ff.**
Mineralien 106
Mir 15
Mond . . . . . **21 ff.**, 70 f., 81, 96 f.
Mondauto 14
Mondfinsternis 24
Mondlandung 14, 24
Mondphase . . . . 23, 70 f.
Mondzyklus 23
Mofette 106

Nacht 24, 49, 81, 97
Nebel 92
Neptun . . . . 10, 26 f., 72 f.

Ozean 19, 27, 39, 47, 81, 88, 90, 92, 98, 102
Ozonschicht 95

Pangäa 99
Paralleluniversum . . . . 64 f.
Planck, Max 65
Planet. . . . . 10, 18, 26 f., 72 f., 78 ff., 84, 88 ff., 94, 96 f., 104
Platte, tektonische . . . 81, 99 ff.
Pluto . . . . 10, **26 f.**, **30**, 72 f.
Polargebiet 83
Polarlicht 83
Proxima Centauri 35, 57

Quantenphysik 65
Quark 60
Quellen, heiße . . . . 106 f.

Radiant 38
Rakete . . . . 12 ff., 24, 44 ff., 68 f.
Raucher 106
Raumstation . . . . . . 13, 15, 45, **48 f.**
Regen . . . . 22, 90 ff.

Satellit . . . . 13, 50 f.
Saturn . . . . 10, **26 ff., 29**, 34, 72 f., 97
Schwarzes Loch . . . . . 58 f., 64
Schwerkraft . . . . . 11, 18, 23 f., 26 ff., 30, 36, 39, 43, 56, 58 ff., 62, 96 f.
Shoemaker-Levy 9 29
Solaranlage 89
Sonne . . . 10, 18 f., 26 f., **32 ff.**, 78, 81, 83 ff., 90, 96 f.
Sonnengas 33
Sonnensystem . . . . 10, **18**, 21, 26 ff., 72 f.
Space Shuttle . . . . . 12 f., 46 f.
Spiralgalaxie . . . . 41 f.
Sputnik 13
Stern . . . . 32 ff., 97
Sternschnuppe 38
Sternzeichen . . . . 18 f.
Stoffwechsel 85
Strom . . . . 49, 82 f., 103
Südpol 19, 83

Tag 81, 97
Temperatur . . . . 78 f., 84, 106 f.
Teleskop . . . 14, 29, 43, 50 f., 57

Tereschkowa, Walentina Wladimirowna 44
Tiefenfeldbeobachtung 43
Tierkreis 18
Tsunami . . . . 102 f.
Tunneleffekt 65

Universum . . . . 10, 62 f.
Uranus . . . . 10, **26 f.**, 72 f.
Urknall . . . . 62 f.

Venus . . . . **26 f.**, 34, 72 f.
Viele-Welten-Theorie 65
Virgo-Galaxienhaufen 43
Voyager 31
Vulkan . . . . 80, 102 ff.

Wasserplanet 56
Welle . . . . 80, 102 f.
Weltraummüll 51
Wetter 95
Wind 91
Winter 92
Wolken . . . . 90 f.
Wostok 13

Zwergplanet 30

BILDNACHWEIS

dpa Picture Alliance, Frankfurt: picture alliance / abac 21 u., picture alliance / dpa 65, 103 u.; ESA: 39 u.; ESA/Hubble & Digitized Sky Survey 2. Acknowledgment: Davide De Martin (ESA/Hubble) 42; ESO/M. Kornmesser: 64 o.; fotolia.com: nikonomade 76/77, Nikon-Fan 107 o.; Magneticum Pathfinder Simulation, Klaus Dolag, Universitäts-Sternwarte, München: 43 o.; mauritius images: 90 u.,106 u.l.; Müller, Andreas: S. 31 o., 34 u.; NASA: 14 o. + u., 15 o. + u., 20 o., 21 o., 22 o. + u., 23 o., 29 u., 43 u.; NASA, ESA, HST: 35 o. + u.; NASA, Galileo: 38 o.; NASA, SDO: 34 o.; NASA, Viking-Mission: 56 M.; shutterstock.com: Esteban De Armas 38 u., ixpert 56 o., Elena Eliseeva 78 m. r., Triff 80 u., Dariush M 85 o., Paul Brennan 88 m. r., Serhiy Kobyakov 92 o., overcrew 93 o., MGS 94 u., MarcelClemens 96 m. l., Dennis Cox 96 m. r., Volina 98 m., Everett Historical 98 u.; www.123rf.com: Leonello Calvetti 78 u. m., ammit 80 o. r., Jean-luc Cochonneau 81 m., Sastyphotos 82 o. m., Anatolii Babii 83 o. r., Atiketta Sangasaeng 83 u. l., Ruslan Olinchuk 84 u. l., Ben Goode 84 m. r., Puwadol Jaturawutthichai 88 u., Mikhail Malyugin 89 o. l., Igor Zhuravlov 90 m. r., Sviatoslav Homiakov 91 u. r., AMNAT NUALNUCH 92 u., sumikophoto 95 u., Sonya Etchison 97 o., Iurii Kovalenko 97 u., Kevin Carden 102 u., m Taira 103 o., Stanislaw Kachyna 106 o. r., Papinotschka 106 u. r.; U.S. Geological Survey, D. Roddy: 39 o.